KO!

再见，
边缘型人格！

〔日〕冈田尊司／著

吕雅琼／译

中国出版集团　现代出版社

目 录

第三章　解读边缘型人格障碍的复杂心理

第六章　应对边缘型人格障碍

序　言

　　我和边缘型人格障碍的邂逅，是通过一位朋友。这位朋友极具人格魅力，深深地吸引了我。当时的我还是学生，年纪不到二十岁，向往的专业并非医学。我也从未设想过，有一天我会重新考进医学部，并且从事精神医学相关的工作。

　　然而，在与那位朋友交往渐深后，我发现他极其容易受伤，甚至有些精神不稳定。他的情绪起伏相当激烈，明明兴高采烈，却会因为一些小事突然情绪低落，陷入绝望状态，有时还会莫名发火。虽然他有优秀的一面，却常常妄自菲薄，贬低自己，甚至企图自杀。

　　起初，我并不明白他正在经历什么。然而随着时间流逝，我开始逐渐能够理解他了。在与他交往的过程中，与其说我是在面对一种"障碍"，不如说是在对待一位"朋友"，一个"人"；与其说我在一厢情愿地理解支持他，不如说是我们平等地沟通并互相理解支持。在长期相处中，我近距离见证了他重新振作的过程。

命运真是奇妙。在进入医学部开始学习精神医学后，我才知道那位朋友面对的问题正是"边缘型人格障碍"。

我后来也遇见过许多同样苦于边缘型人格障碍的人，但是我对这一疾病的关切，却始自与那位朋友亲密相处的那几年。在学习相关知识之前，我就通过实际体验触碰到了边缘型人格障碍的本质。正是那位朋友使我认识到，边缘型人格障碍是可以被战胜的。克服边缘型人格障碍，会使人格更具魅力。

然而，克服边缘型人格障碍的道路绝不平坦。无论是患者本人或是其身边的人，都不得不竭尽全力地打一场持久战。但是，这场持久战必有终结之日。凯旋之时，长久以来的艰辛体验，也将成为患者本人及其身边亲朋的珍贵记忆。

本书大约于四年前出版。在那两年之后，我又写了《一本书读懂边缘型人格障碍》。社会上对边缘型人格障碍的关注度很高，两本书都收获了众多读者，多次再版。我也收到了许多读者的意见与感想。其中，既有情况不容乐观的咨询，也有患者本人或其家人对相关应对措施的问询。多数读者的来信都与边缘型人格障碍有关。

边缘型人格障碍近在咫尺，困扰着许多人。边缘型人格障碍往往伴随着自残、自杀意念，或一些令身边人难以冷静处之的过激行为，这使得人们应对边缘型人格障碍更加棘手。不仅如此，边缘型人格障碍还经常与抑郁、焦虑、进食障碍、药物滥用等问题同时出现，令治疗更是难上加难。

近年来，边缘型人格障碍的治疗方法在美国等地得到迅猛发展，日本也逐渐积累了种种相关技术。我们开始逐渐明白，怎样的治疗能够使病症得到改善、如何有效地帮助患者。

在这一背景下，为使读者更加深刻、具体地认识边缘型人格障碍，我决定执笔写成这本书。本书不仅包含基础知识与最新研究成果，还将介绍在实际生活中应当如何应对边缘型人格障碍。这本书不仅面向专家与有志于成为专家的读者，也面向正苦于边缘型人格障碍的患者或其家人、老师、朋友等，旨在提供具有启发性的具体建议。

理论层面的知识，在实际操作中反而难以奏效。若想获得切实的效果，我们必须明确现状如何、症结所在等实质问题。

本书致力于使读者形成这一点认识，鼓励读者思考有针对性的应对措施。边缘型人格障碍看似一个极为特殊且小范围的问题，实际上却包含着与诸多领域中具备共性和普遍性的问题。人生意味着什么？人为何而生？这些对人类而言最为本质的问题，正是边缘型人格障碍所面对的问题。

如今，边缘型人格障碍病例数量急速增长，有其必然性。直面边缘型人格障碍，也是直面迫在眉睫的心灵危机。只有这样，我们方能意识到，看似理所当然的"活着"绝非理所当然。他人无与伦比的馈赠，使得我们的生命与生活成为可能。

第一章

何谓边缘型人格障碍

近在咫尺的现代病

1938 年，美国精神分析家阿道夫·斯特恩（Adolph Stern）首次提出"边缘"（borderline）的概念，用以描述处于神经症^①与精神病^②边缘的症状。斯特恩使用"边缘组"（borderline group）一词，准确地把握现在普遍认为的"边缘型人格障碍"特征，指出其根本症结在于患者的自爱问题。为什么斯特恩认为必须将这一组症状与神经症和精神病区分开来呢？

当时医生一般使用精神分析疗法治疗神经症。然而，将精神分析疗法应用于边缘组时，起初看似可行，

① 神经症（neurosis），是一组主要表现为焦虑、抑郁、恐惧、强迫、疑病症状或神经衰弱症状的精神障碍。——译者注
② 精神病（psychosis），是由生物、心理和社会多因素相互作用引起的，以精神症状为主要临床表现的一组疾病的总称。——译者注

实际应用后却不仅完全无效，甚至还会使病情恶化。无论是从发病经过还是症状来看，边缘组都不符合神经症和精神病基本诊断类别。

20世纪50年代以后，精神科住院治疗越发盛行，医生们也遇到了更多患者，他们呈现出与医学常识并不相符的新症状。使医护人员更加困惑的是，他们越是积极地帮助患者，患者的症状反而越恶化。患者会对医护人员提出更多的要求，变得冲动且具有攻击性，甚至会不断尝试自杀。

此时，不仅治疗进展不顺，医患关系也往往极度恶化。即便双方起初构建了良好的信任关系，也会因为一些小事产生嫌隙，患者态度急变，双方关系最终恶化到令人难以置信的程度。医护人员内部也会因为患者产生对立。努力帮助患者的人，也常常感到痛苦。医护人员越是亲切热情，越会陷入强烈的沮丧与无力感中。

事实上，我们目前也尚未摆脱上述状况。在对边缘型人格障碍认识不足时，极易出现同样的状况。

20世纪80年代以后，在日本的精神疾病临床实践中，也出现了周围人努力帮助不断尝试割腕自杀的患者，却遭到患者摆布，双方最终难以维系信任关系的情况。当时，医生做出了"边缘例"（borderline case）的诊断。有抑郁状态、进食障碍、药物滥用或家庭暴力等症状的人，即便未被确诊为边缘型人格障碍，伴随边缘型人格障碍问题的也不在少数。

20世纪90年代以后，许多普通家庭也开始面临边缘型人格障碍的问题，人们不知道如何帮助受到边缘型人格障碍折磨的家人，或者自己如何战胜边缘型人格障碍。初中、高中学校里也出现了边缘型人格的学生，学校方面对此不知所措。近来，类似问题在小学生中的发生概率也逐渐增加。边缘型人格障碍不再只是患者面临的问题，而是困扰越来越多人的"现代病"。

美国的数据显示，符合边缘型人格障碍诊断标准的患者占美国总人口的 2%、精神科门诊患者的 11%、住院患者的 19%。日本也在不断接近这一水平。如果只看边缘型人格障碍多发的青年期，日本的比例甚至远高于美国。女性患者更多，约是男性患者的 4 倍。换言之，男性患者占边缘型人格障碍患者总数的 1/5。患者比例节节攀升，而男女比例的差距也在不断缩小。

边缘型人格障碍近在咫尺，与之相关的医学认识也在不断加深。但是，对更多人而言，边缘型人格障碍仍然是遥远的疾病，对边缘型人格障碍的误解也仍然存在。在这一章节中，我们将通过第三方（恋人、朋友、专家及神职人员等）、患者本人及其亲人的视角，介绍边缘型人格障碍典型案例。

之所以选择第三方、患者本人及其亲人这两种视角，原因是在边缘型人格障碍患者获得他人支持、逐渐恢复的过程中，来自第三方的支援、患者与第三方的关系，往往与患者同其亲人的关系同样重要。而第三方所见与患者亲人所见常常有巨大差别，这也是边缘型人格障碍的特征。

美好邂逅化为困惑之时

　　与边缘型人格障碍患者的邂逅，总是令人印象深刻。我们不能自已地为之吸引。边缘型人格障碍患者中，既有具备独特的魅力和气场、只一眼就令人难以忘怀的类型，也有会激起他人保护欲、使人无法置之不理的类型。有些时候，患者即便看似阳光开朗，却会在不经意之间露出瞬间落寞的神色，似乎是在勉强自己。

　　边缘型人格障碍的人，既会展现出细腻、为他人着想的一面，也会突然说出超出常识的话，比如辛辣吐槽。兼具体贴入微与泼辣大胆、集互相矛盾的性格特征于一体的他们，往往会使人们体会到从未有过的新鲜感，被他们深深吸引。

　　与边缘型人格障碍患者的关系常常会在极短的时间内急速升温。不知不觉中，对方已经如恋人般与你交谈，和你撒娇。你也很难不关心对方。有些时候，你甚至会觉得，你与对方的相遇正是命运的安排。

然而，就在你以为双方完全发展出了亲密关系、相互信任之时，你会为对方不可理喻的行为感到困惑。

比如，你的困惑可能这样开始。在寻常谈天后，对方忽然递来一封信，让你回家后再看。你很在意，在回家的电车上就打开信，发现对方在信中写道："我们分开吧。谢谢你的温柔。"此时，你不明所以，在混乱中继续读。"如果现在不分开，你最终一定会讨厌我，抛弃我。"你难以放下，试图联系对方，却发现不管怎么样都联系不上。你陷入了慌乱之中。

次日早晨，你终于联系上了对方，才知道对方哭了一天。你很担心，抛下工作，想立刻见到对方。然而对方的回应却像谜一样："如果你知道真正的我是什么样的，你一定会讨厌我的。"对方只是哭。此时，你承诺绝对不会发生那样的事，近乎强迫地把对方约了出来。

在终于见到对方时，出现在你面前的，却不是魅力四射的那个人。对方表情阴郁，情绪十分低落，前后判若两人。你虽然心生困惑，却还是不禁动了恻隐之情，将对方拥入怀中。你问对方写那封信的原因，对方颤抖着向你告白。对你而言，这一告白，可能是你意想不到、令你震惊的告白。

听过对方的回答，你也许会动摇，但还是被想守护对方的心所驱动，承诺始终陪伴左右。对方似乎终于安心，在你的臂弯中沉沉睡去。你也许觉得解决了一个问题，却不知道这一切只是开始。当天夜里，半梦半醒的你忽然被电话惊醒。

"我割腕了。快来。"

你平稳的生活自此告终。此后每日的生活都像电视剧中才有的情节。突然的电话和邮件不再令你心跳，而是使你紧张不安。无论你如何安抚对方，只需片刻，对方的情绪便会再度动摇。如果你一直陪伴在其身边，温柔地抚慰对方，对方也会露出安心明朗的表情。但是，只要片刻看不见你，对方便会再度情绪失控。

对方有时会用语言和文字伤害你，展现出对你的不信任。只要你稍不注意，态度冷淡，对方就会情绪低落，沉默不语，突然把自己关在卫生间里，甚至会做出危险的举动。

你会感觉一天二十四小时都被他人束缚，于是你逐渐感到神经衰弱，身心疲惫。有时，你决心与其分手，却又怕对方再做出危险行为。

此时，对方似乎察觉到了你的心意变化，写了一封邮件给你。

"我再不想成为你的负担了。永别了。"

你惊慌失措，试图联系对方却联系不上。你搭车飞奔到对方的住处，发现对方服用了大量安眠药后割腕，倒在地上……

以上描述并没有刻意夸张修饰，而是边缘型人格障碍患者中极为普遍的状况。

共情能力越强，越易深陷其中

之所以在与边缘型人格障碍患者的相处中经常会出现上述状况，其背后有个根本原因——患者有极度缺乏爱与关注的过往经历，因此，极易显露于亲密关系之中。

不仅是与异性的关系，与同性友人、同事或上司的关系中，也可能出现同样状况。如果双方保持足够的距离，那么便会相安无事。然而，一旦双方关系拉近，患者感到自身得到接纳，享受依赖对方的舒适感，往往便会失去控制，前后判若两人。

因此，越是共情能力强、希望帮助对方的人，越容易陷入这种困境当中，甚至还会出现与患者共同痛苦的心理共鸣效应，这导致其无法冷静自处，最终与患者一同为情绪旋涡所吞噬。如果不掌握问题本质便冲动地伸出援手，不仅对患者无益，甚至可能会使自己身心俱疲、情绪失衡。

如果介入方法不当，那么即便是朋友或专家，也会无助于患者，双方关系会因此分崩离析，双方心底也会因此留下伤痕。如果不做长期考虑，仅仅出于取悦、帮助患者的心理介入其中，那么也会很容易陷入无法脱身的泥沼之中。

倘若是第三方，当然可以选择退出，切断双方的关系。然而，对于患者家人、伴侣或是真心希望患者康复的人而言，问题则更加复杂棘手。患者本人更是逃无可逃，痛苦万分。

那么，在患者和其家人的视角中，边缘型人格障碍是怎样的呢？为了更好地认识到这一视角与第三方视角的不同之处，让我们来观察一个案例。需要特别说明的是，除名人案例以外，本书包含的诸多案例均从真实案例改编而来，与某一具体案例无关。

可能发生在任何人身上

小 A 自小就非常努力。小 A 的母亲工作很忙，在她两岁后就把她送到托儿所托管。小 A 总是很懂事，从未哭闹烦扰过母亲。她的学习成绩也很好，在班级里一直名列前茅。小A没有使父母特别费心过，而她的弟弟总是使父母感到忧虑。弟弟懒散顽皮，不像她一样努力，有时会在学校惹出麻烦，令父母很是头疼。

然而，小A的内心并非像父母以为的那般平静。进入高中以后，小A有时会感到极为空虚，经常闷闷不乐。她会想，自己努力学习、考进大学，到底有什么意义。她对自己的容貌和身材也不自信，虽然也曾幻想过甜蜜的恋爱，却始终没有勇气开始一段感情。

但在那段时间，小A目标明确的努力得到了回报，她获得了周围人的认可。她逐渐感到自信，相信即便有些小困难，也能凭借自己的努力克服。事实上，小A也如愿考上了第一志愿的大学，没有辜负父母的期待。

然而，在进入大学后，小A遭遇了最初的小挫折。小A在高中时总是出类拔萃，但是在大学里周围同学都极为优秀，她甚至在自己擅长的英语方面也不如他人。此外，大学课程范围更加宽泛，与小 A 习惯的应试教育也相去甚远。小 A 无论多么努力学习，也无法博得老师和同学的赞美与认可。她只是数百名学生中不起眼的一个而已。

大二那年的春天，打击突然降临。小 A 未能进入她期待加入的课题组，被调剂到了其他课题组。对于小 A 而言，这是从未体验过的屈辱，动摇了她的自信。

即便如此，小 A 还是好好上课，完成课题任务，参加大学的同好会，似乎愉快地享受着大学生活。小 A 的父母，也以为她很快乐。

然而，小 A 虽然看似与其他同学并无不同，实际上却总在心中感到违和与不满。虽然她极力掩饰，一种空虚和不真实的感觉却总是萦绕心头。她既感觉要更强烈地主张、展示真实自我，又因过度在意尊严和体面而压抑自己的真心，刻意逞强。她回过头来才发现，自己正在扮演着小丑取悦他人，过分地讨好着周围的人。看似开朗活泼的小 A，其实已经精疲力竭。

和大家在一起时，小 A 情绪高涨，不停地谈笑。独处时，她会对咋咋呼呼的自己感到厌恶，会产生空虚感。在她感到被冷落时，便会突然说些奇怪的话、做些引人注意的事；也会忽然意兴阑珊、沉默不语，提前退场。

　　大二这年的秋天，小 A 在兼职时认识了一个男生。这个男生是偶尔来店里消费的上班族，我们姑且称之为小 B。与只能体面相处的同学在一起时不同，小 A 在小 B 面前能够展现真实的自己，相处起来轻松自然。即便是她的琐碎烦恼，小 B 也会认真倾听并提出建议。对于小 A 来说，这些都是从未有过的体验。在小 B 的猛烈追求下，小 A 与他发生了关系。

　　然而，发生关系后，小 B 的态度突然使小 A 感到不安。这种不安得到了证实——小 B 已婚有子。如果父母知道她与这样的人发生了关系，会多么难过！小 A 既觉得应和小 B 分手，却又感到她只有在小 B 面前才能展露真实的自己，她已无法离开小 B 了。迄今为止，她的意志力与自律似乎都失效了，小 A 感到自己逐渐失去了控制。

在这个时候，使小 A 彻底失控的事情发生了——她怀孕了。在她告诉小 B 后，小 B 明显地蹙眉，一改守护者的态度，开始躲避小 A。显然，他不想要这个孩子。于是，小 A 含泪接受了人流手术。

在那之后，小 A 会时不时地情绪低落，开始无法抑制地哭泣。她不停地给小 B 发短信，想听他的声音，好像是要抓住什么。起初，小 B 还温柔地回应小 A 的要求。连续数日之后，小 B 就不再立刻回信，也开始在电话打到一半时突然挂断。小 A 察觉到小 B 的厌倦，便在某次挂断电话后一时冲动地割了腕。

"血流不停哦。"小 B 在深夜收到这条短信时，飞奔到小 A 家，照顾小 A。小 A 感受到了小 B 对她的爱，重新找回了安心感，为自己割腕的行为感到后悔。

然而，只要小 B 的态度稍一冷淡，小 A 就会再度情绪激动地发短信或割腕，有时候甚至会发伤口的照片给小 B。小 A 的状态使小 B 畏缩，他终于选择以一条"我不能再照顾你了"的短信，结束了这段关系。

在小 A 父母知道了两人关系后，他们认为这段关系无益于女儿的情绪稳定，便令小 B 承诺即便小 A 要求也绝不与之见面。但是，小 A 无法割舍这段感情，甚至做出给小 B 家里打无声电话、在小 B 公司外面埋伏等待等如跟踪狂一般的行为。小 B 对之并不理睬，小 A 最终只得选择放弃。然而在那之后，小 A 认为是父母导致他们分手，开始对父母展露敌意。

之后，小 A 虽然重返校园，却开始用信用卡购买奢侈品，大肆浪费。在父母提醒她后，她为了泄愤报复，竟然开始在风俗店打工。

父母得知后十分惊愕，将小 A 带回家中，监视小 A 的行动。起初，小 A 的态度，与其说是厌烦，不如说是对父母密切关注的享受。从这时候开始，小 A 开始倾诉自幼起的不满、自己的寂寞与隐忍、父母对弟弟的关注……对父母而言，小 A 的怨念如同晴天霹雳。

父母问："你小时候什么也没说过啊，怎么现在忽然这么说呢？"

小 A 回答："我当时觉得，如果这么说，你们会很困扰。"

虽然小 A 起初不停地抱怨，但是半个月后，她的状态便似乎完全稳定下来。小 A 父母也逐渐放心，不再过度关注小 A。某日，小 A 因为一些小事夺门而出，父母在其后追赶。在他们赶上小 A 时，她正在铁道口栅栏前。发现父母追来时，她试图穿越栅栏。虽然父母成功拦住了小 A，却还是因为后怕而全身战栗。出于对小 A 安全的担忧和保护，父母终于下决心将她送去医院。

边缘型人格障碍"发病"

如小 A 的案例所示，边缘型人格障碍，通常不是"性格"的障碍。对边缘型人格障碍的误解之一，便是认为边缘型人格障碍就是某种"令人困扰的性格"。事实上，边缘型人格障碍患者往往是因为某一契机发病，而非从开始便性格怪异。

边缘型人格障碍患者有各色性格与气质。边缘型人格障碍并非某种单一的障碍，而是呈现共同症状的"症候群"，其背后的原因也并非仅有一个。

在不同案例中，患者的基底性格与气质也不同。患者群体并不具备某一特定性格，每个患者各有其独特性格，有些患者可能具备完全相反的性格。性格不同的诸多个体因某一契机呈现出同样的状态，若干契机结合，突然或逐渐触发病症，这就是边缘型人格障碍。

很多患者在发病前都是能力强、可靠、为他人着想、明朗、努力的人。某种意义上，无论之前性格如何，在具备不利条件的情况下，任何人都可能出现边缘型人格障碍状态。

反过来看，在康复过程中，边缘型人格障碍的状态逐渐消减，患者也会恢复至原本的性格。不仅如此，疾病的磨炼将使患者成长蜕变，患者康复后甚至会更加成熟而富有魅力。

发病契机与发病原因并不相同

通常情况下，契机性事件会诱发患者出现边缘型人格障碍状态。契机性事件可能是一件，也可能是同时发生的多件或相隔一段时间发生的事件。需要注意的是，契机与原因并不相同。

原因长期存在，契机则不过是压垮骆驼的最后一根稻草。不过，契机性事件与原因并非毫无关联。从发病经过来看，患者往往是在过去的情绪创伤或不被认可的体验再次出现时发病。也就是说，契机性事件能够唤醒患者过往的情感创伤或痛苦体验。患者感受到的不仅是心理上的动摇，还有积攒在心中情绪的爆发。

亲密关系本身会引发被抛弃的不安，而分手也会成为导火线。在年轻女性中，分手和流产导致情感创伤叠加的情况多得出人意料。在丧失感与罪恶感、被抛弃和放弃了一条生命的感觉重叠时，人常常会感到不得救赎、无法挽回。

被剥夺关爱或被抛弃的过往经验，除了丧父丧母、与父母分离、父母长期住院等情况外，还有像小 A 这样的情况。小 A 父母健在，家庭看似和睦融洽，也似乎不曾被抛弃。然而仔细观察下，我们会发现小 A 在年幼时就因母亲工作繁忙而被托管，父母又在弟弟出生后将关注和爱全部倾注于弟弟身上，小 A 实际上没有得到父母关爱，极为寂寞。

此外，更为重要的是，小 A 的母亲虽然在工作上雷厉风行，但是在感情上则比较迟钝，不能感受到言语之外的情感。因此，小 A 的寂寞得不到注意，她内心中被抛弃的感觉不断增强。

因过往的丧失或被抛弃的体验而内心脆弱的人，在体验某种分离和丧失时，会呈现出边缘型人格障碍的症状。这是典型的发病过程。

在一些情况下，曾经体验过丧失或被抛弃的人通过避免亲密关系来隐藏问题，投身工作与学习，如此得以维系自我同一性。然而，在进入恋爱、性爱等亲密关系时，这种守护心灵的盔甲便不再有效。失去腹中骨肉的痛苦体验与过往经历重叠，使小 A 深埋心底的难以逾越的儿时伤痛再次苏醒，小 A 感到重新回到了无依无靠的童年时光，之前的努力和积累似乎毫无意义。无力感将她击溃了。

这个青年十八岁，听闻母亲可能患上了癌症后，感到绝望和自暴自弃，情绪忽然失衡。在家中也感到无比痛苦，为求解脱与救赎，他开始滥用药物。

这个年轻人成长于只有母亲的单亲家庭。自他年幼时，母亲就常常生病，总是做检查、住院。每次看到母亲消沉的表情，还是孩子的他也感到心如刀绞。近年来每年都接受癌症检查的母亲忧虑时不经意说出的"下次可能是恶性"，在他的脑海萦绕，使他无法忘却。

"妈妈可能会死吧。我只要一想到逃避现实，就有药物在那儿。"

这个女孩二十岁出头，在丧父后情绪不稳、沮丧。

由于突然出现幻听和精神错乱状态，她被送往医院。入院后，她迅速安稳下来，虽有情绪起伏，但是很有精神。然而就在此时，这个女孩突然大量服药，试图自杀。在抑郁状态得到改善后，她又突然开始暴饮暴食，然后受罪恶感折磨，再次冲动，企图自杀。这样的情况，反复出现。

女孩三岁时，父亲忽然人间蒸发，抛下她、她的母亲和还在襁褓中的弟弟。受到打击的母亲，精神持续不稳定。女孩童年时期，她的家庭接受低保，生活拮据不顺。身为长女的她总是帮助母亲，照顾弟弟。在女孩小学五年级的时候，父亲突然回来了。一家人就像什么都没发生过一样，继续在一起生活。父亲的死，似乎唤醒了她苦涩的情感创伤。

近期的丧失、被抛弃的体验唤醒年幼时的痛苦记忆并引发病症的情况，在边缘型人格障碍案例中占据压倒性比重。不仅是在发病时，只要有丧失或被抛弃的体验，或使其回想起有关体验的事件，也会使患者情绪消沉失衡。除企图自杀之外，丧失或被抛弃的体验还会导致患者发展出自残、暴饮暴食、危险的性行为、失足行为、药物滥用等问题。

发展出细腻感性的可能性

如前所述，边缘型人格障碍并非某一特定性格，而是多发于青春期及成年早期（某些情况下会在三十岁以后）的如暴风雨般的情感或行为失调的状态。正如暴风雨总会停息，一般情况下，边缘型人格障碍的症状也会于发病几年后消减。

但是，如果周遭的应对措施不当，导致患者情况恶化，患者的病症也有可能持续十年、二十年。

一般情况下，大多数患者会在三十五岁后开始稳定下来，随着年龄的增长，症状也会得到改善。如果能够避免自暴自弃的危险，患者的人生便会重回正轨。

患者在克服自身问题后，其生活方式和生活态度既有可能会变得成熟且有魅力，也有可能会保持一部分偏执和幼稚的特性。

如果患者在康复前存在药物滥用问题，则有可能会导致后遗症发生，其康复过程会有所延长。

就康复过程较长的患者而言，正是因为其所经历的艰辛痛苦之甚，所以在战胜种种困难的过程中，患者往往会培育出敏锐的感性、切实为他人着想的态度、不为常识所困的个性。

只要患者努力，发展出独具个性的表达能力和为他人服务能力的情况也不在少数。

然而与此同时，患者容易受伤、缺乏安全感的心理状态，也有可能使来之不易的成功分崩离析。

患者如何生活，如何面对和克服自身问题，都会在其后半生有所体现。

第二章

边缘型人格障碍的症状

情绪波动之过不在患者

边缘型人格障碍的诸多症状中，最为主要的便是情绪波动激烈。患者会短时间内在情绪、人际关系、行为举止、自我认同等方面出现巨大的态度变化，前后判若两人。

这就好似不熟练的飞行员驾驶飞机。与其说是操纵杆失灵，不如说是飞行员的操作过于激烈，导致飞机不停地上下翻腾。结果，不仅患者与周遭的关系会遭遇障碍，患者自身也将迷失方向。

边缘型人格障碍患者，通常会在心情愉悦时，突然因为一些小事而意兴阑珊，极度消沉或大发雷霆。稍微多说一句，患者便会脸色骤变，摔门而去，有时甚至会自残或试图自杀。即使是无心的玩笑，也会对患者造成深深的伤害，使其走向极端。

在上述状态反复上演的过程中，患者的配偶或亲人会逐渐变得如履薄冰，每日小心翼翼地靠观察患者的心情和脸色度日。由于担心可能影响患者心情、引发骚动，患者周围的人即便有希望与其沟通的事项或想斥责之处，也只得按下不表。也许患者本人并没有操控周围人心理、肆意支配他人的意愿，但实际情况确实如此——这就是边缘型人格障碍的特征。

发病愈早，症状愈重

发病时期因人而异。最近，有的孩子在小学中年级阶段就出现了边缘型人格障碍的症状。根据发病时期，边缘型人格障碍大致可以划分为以下三种类型。

①小学中年级至初中时期，大致在十岁至十五岁出现症状的青春期发病类型。

②十五岁后出现症状的青年期发病类型。

③二十岁后出现症状的成人期发病类型。

近来，在边缘型人格障碍患者呈现低龄化趋势的同时，二十岁后发病的病例也不少见。这也许与现代人青春期延长，在自立前需要更长时间的状况有关。从整体来看，发病的高峰似乎有高龄化的倾向。看似一帆风顺的优等生在进入大学或社会后发病的案例也在增加。

一般情况下，发病时期越早，其所处成长环境的问题就越严重。与此相对，生于看似毫无问题的家庭、在应有的关爱中长大的患者，一般在年龄较大时发病。这些案例的共性在于患者都是受父母价值观控制的"好孩子""努力的小孩"。

通常，发病时期越早，病症就越严重，康复用时较长，疾病的长期发展情况也难以预测。既有较早发病、在二十岁后病情完全稳定下来的患者，也有二十岁后才发病、两三年后病情稳定的患者，还有四十岁后仍然情绪不稳定的患者。医生对病情发展情况的预测，受到应对方法、患者所处的环境、患者本人的素质及努力程度等因素影响。

边缘型人格障碍的诊断方法

诊断边缘型人格障碍时，一般参考美国精神医学学会编写的《精神障碍诊断与统计手册》（DSM-Ⅳ）。该书介绍了实用性的诊断标准，只要患者呈现出需要确认的病症中的几项以上，便可诊断为相关疾病。

按理说，只有在彻底调查清楚包含原因在内的疾病机理之后，方能做出诊断。然而，该书略过病因与病理，仅根据统计学上关联性强的病症，做出症候群的诊断。这是因为在精神医学领域通常很难获得关于病因及病理的客观认识，而仅依据症状的诊断方法对新手来说也很友好。

不过，目前有关疾病机理的认识已经得到了很大发展，在实际的诊断中，越是娴熟的精神科医生，越会避免简单套用诊断标准，而是厘清症结所在后把握整体状况。

虽然《精神障碍诊断与统计手册》存在以上问题，但简便易行的特点使其仍然大有用武之地，至今被广泛应用。

《精神障碍诊断与统计手册》有两层诊断标准，一层是人格障碍的总体诊断标准，另一层是人格障碍具体类型的诊断标准。

人格障碍的总体诊断标准有以下四个要点。

①在多方面可见患者具有显著偏离一般预期的内在体验、持续且僵化的行为方式。

②上述状态给患者的生活带来了显著的不便或痛苦。

③上述状态始于青春期或成年早期，持续时间长（通常在一年以上）。

④上述状态并非完全由其他精神障碍、药物或精神创伤引发。

边缘型人格障碍的诊断标准有九项，符合其中五项以上则可被诊断为边缘型人格障碍（参考下表）。

边缘型人格障碍诊断标准 [1]

边缘型人格障碍是患者在人际关系、自我认识、情绪等方面表现出不稳定且极为冲动的行为模式，发生于成年早期，具有以下症状（五个及以上）。

①疯狂地努力避免在现实中或想象中被抛弃（不包括⑤所述自杀或自残行为）。

②在人际关系中呈现出摇摆于理想化及自我贬低的两个极端间、不稳定且冲动的特征。

③认同障碍：自我形象或自我认识显著持续处于不稳定状态。

④在至少两个有可能给自己造成伤害的方面表现出行为冲动（比如，浪费行为、性行为、物质滥用、危险驾驶、暴饮暴食等）。

---

① 出自《DSM-IV-TR 精神疾病分类与诊断指南（新修订版）》（医学书院）。——原文注

翻译过程中参考：American Psychiatric Association. *Diagnostic and statistical manual of mental disorders, fifth edition*. Arlington, VA: American Psychiatric Association, 2013. ——译者注

⑤反复出现自杀行为、自杀态度、自杀威胁或自残行为。

⑥由显著情绪反应性导致的情绪不稳（比如，不时感到强烈的烦躁不安、易怒、焦虑。通常持续两到三个小时，极少持续两到三日）。

⑦慢性空虚感。

⑧不合时宜的强烈怒意，或难以控制怒气（比如，常常生气、发怒，一再发生肢体冲突）。

⑨与压力相关的短暂的偏执意念，或严重的解离性症状。

（1）对被抛弃的强烈恐惧

边缘型人格障碍患者非常惧怕被抛弃。这种恐惧始自双方关系拉近的瞬间，随着亲密程度和对对方的依赖程度增加而增加。无论是朋友、恋人、家人、主治医生、咨询师或协助人员，当对方成为对患者而言重要的存在，患者的恐惧便会加深。

只要对方态度稍一冷淡，或者一些行为使患者感到自己被厌弃，便会触发患者的不安。患者往往会基于对方细微的行为或态度得出对方感到自己是麻烦、准备抛弃自己的极端结论，进而感到自己毫无价值。为了避免被抛弃，患者会近乎疯狂地努力抓住对方。

　　然而，刻意讨好或拖延时间，有时反而会让对方感到烦躁。如若对方态度更加冷漠或进行威压，患者便会越发地感到被抛弃，从而恐惧更甚，忽生怒意，攻击对方，或在冲动下采取危险行为。这也是患者面临严重的人际关系问题的重要原因之一。

　　人在被背叛或被拒绝时由爱生恨，是极为自然的心理机制。然而，边缘型人格障碍的患者因为极度恐惧被抛弃，往往会在一切尚未发生时就预想背叛与拒绝，进而过度反应。当对方正因此而选择背离时，患者便会认为一切正如自己的预想，果然遭到了背叛。有时，患者会为了表现自身所受的创伤，反复采取令人困扰的行为。

　　边缘型人格障碍患者所展现的对被抛弃的强烈恐

惧，是诊断边缘型人格障碍的重要症状。这一症状，与患者在幼年时期曾经感受到对分离的强烈恐惧与丧失关爱的经历相关。

　　眼前的患者是一名十八岁女孩，重度抑郁，怀有自杀意念。她因援交和药物滥用而身心俱疲。"我想死""要是我没被生下来就好了""我不在这个世界上的话，大家才会幸福"，这些是她常常挂在嘴边的话。

　　在面谈即将结束时，女孩的情绪忽然变得不稳定，表情不悦。她说："就那么讨厌和我说话吗？""你讨厌我吗？"她对准备结束面谈的我表现出怨怼。氛围忽然急转直下，仿佛我是要与她结束面谈。我想到了一个解决方法——给她留作业，并留下她的笔记。如此，她就不会感觉这段关系即将结束，自己要被抛弃了。

　　在女孩还是小学生时，她的父母离婚了。女孩在谈话时反复提及一个画面——即将离开家的妈妈抱着弟弟看着她说："我不要你了。"

　　也许，在母亲看来，女孩亲近父亲，也有祖父母疼爱，将她留在家中也不必担心。在那之后，女孩与母亲的关系也并非完全断绝，女孩却总是认为自己遭到了母亲的抛弃。之后，父亲再婚，家里多了一位继母。虽然继母为了得到女孩的认可也做出了努力，但在妹妹出生后，父亲和继母的关注便转移到妹妹身上。女孩开始叛逆，开始为非作歹。精疲力竭的继母回了娘家。父亲将继母的离开归罪于女孩，开始殴打女孩。女孩感到，不仅是母亲，父亲也抛弃了自己。

（2）人际关系不稳定，反复于极端之间

边缘型人格障碍的特征之一，是人际关系变动激烈。患者起初会理想化地看待关系，在发生使其失望或违背预期的事情后，便会感觉自己遭到背叛，一切都那么难以忍受。即便是一些小小的要求得不到满足，也会破口大骂，开始全方位地贬低对方，对于对方的评价前后迥然。此时，如果患者邂逅了合适的人，便会认为这个人才符合其理想，从而将注意力转到新认识的人身上。

游走在两个极端间的行为，并非完全因为患者善变。更为重要的病理原因，是患者容易产生矛盾（ambivalent）情绪。所谓矛盾心理（ambivalence），是指对某一事物同时产生互相对立的感情的状态。也就是说，对同一个人，患者既会认为对方是值得信赖的重要的人，在选择相信对方后又会出现认为对方可能会背叛自己的相反心理。如果患者在某一瞬间对被背叛的恐惧加深，便会试图"抢占先机"，先于对方做出背叛行为。愈是为了求得好感极力奉承，愈容易积攒起矛盾情绪。两种情绪之间的沟壑过深时，便会急剧触发患者的矛盾行为，使他人不知所措。

　　从结果来看，患者追捧或贬低的态度变化激烈。不仅如此，患者还会对最为自己着想、支持自己的人产生不信任感和不知何时便会被抛弃的恐惧感，易对其采取前后矛盾的行动。

　　患者的行为背后，是患者感到在目前为止的人生中为父母所抛弃、始终在寻觅"真正的父母"的心理。

他们渴望寻得在现实生活中并不存在的完美无缺的父母——自己真正能够信赖、能够将百分百的爱灌注于自己的人。在遇见似乎就是不断寻觅的那个人时，患者便会将自己的理想投射到那个人身上，结果却感到背叛。究其原因，是患者幻想中的完美父母，根本不可能存在于这个世界上。因此，哪怕有个非常接近患者理想型的人出现，患者始终无法拂拭自己将会被抛弃和遭背叛的想法。也就是说，与①相同，②的背后也是患者被抛弃的过往经历。

要战胜边缘型人格障碍，就需要抹去患者对自己不知何时便会被抛弃的错误想法。为此，患者需要重新接纳、信任父母，或者在代替父母的人的支持下终结寻找父母的旅程。

还是那名十八岁女孩。为了博得负责带她的工作人员的好感，女孩很努力。也许正是因此，女孩比以前更有活力，更积极地处理课题，情况也逐渐好转，周围的人也称赞女孩进步很大。然而，就在那之后不久，另一个女孩的笔记本被撕坏后丢进马桶。调看监控后，大家发现，就是这个情况似有改善的女孩所为。由于她与笔记本被扔的女孩关系最为亲密，所有人都极为震惊。在被问及这么做的原因时，女孩说，负责带她的工作人员同时也负责带那个女孩，她很好奇工作人员给那个女孩写了什么评语，又不知如何处理被自己撕破的本子，所以丢到马桶里了。

有情感饥渴问题的人，对倾注于自身的情感和关注受到极细小的威胁也十分敏感。双方越是关系亲密，患者越容易采取矛盾行为。说起来，这个女孩来治疗机构最初的原因，也是因为她从一对一直支持她的夫妻家中拿走金钱和物品。

需要额外说明的是，并非所有患者都会与恋人或朋友不断争吵而分手，使自己处于不稳定的人际关系中。更多患者的情况是，虽然在确认对方是否值得信赖的初期阶段呈现出上述特征，但是在形成一定程度的依恋和信任后，便会珍重、希望保护这段关系。如果处于这段关系中的另一方也能稳定地做出回应，在多数情况下，双方便能长期稳定地维系这段关系。

由于患者渴求亲密关系，所以往往会在对方丧失新鲜感、不再展现爱和关心时感到被轻视，心生不满。然而，在一些幸运的情况下，对方的情感也不会随时间流逝而褪色时，患者便会走向康复。

这是一名曾经遭受性虐的女孩，二十多岁。每次换工作后，她都会在职场发展出新的恋情。换句话说，她每次分手后就会换工作。她说，她最幸福的一段恋情，是和一个在居酒屋打工的大学生的恋情。对她而言，那一段时光如梦一般。为了减轻还是学生的男朋友的负担，女孩不知从何时起开始承担两人约会时的开销。即使如此，女孩也因自己能为大学生男朋友做些什么而开心。然而，在她目击他和一个女同学亲密地走在一起后，她对他的信任瞬间瓦解。

即便是女孩哭着责怪男朋友，他也只是借口说那只是普通朋友。女孩努力地说服自己要相信他。男朋友一如既往地拥抱她，让她出钱带他吃饭。此时，即便是被拥抱，女孩感到的也不是幸福，而是寂寞与空虚。她开始重复过去的自残行为，开始讨厌这样的自己，最终选择辞职和分手。

在那之后，女孩还有过几段关系。对象有花花公子般的酒保、上班族客户、已婚有子的店长……开始交往时，女孩总觉得对方就是命定之人，奉上一切，继而就发现每个男人其实都是满口谎话的骗子。女孩二十三岁时，割腕并出现严重的过度通气症状，被救护车送往医院精神科。以此为契机，她开始时不时到医院复诊，也开始服用抗抑郁药物，但是类似的事情还是反复发生。

在快三十岁时，她认识了一位男客户。这个人，既不是她喜欢的类型，也不是帅哥。然而他是个诚恳温柔的人。虽然他笨拙的爱使她感到索然无味，但正是这种笨拙和滑稽令她感到轻松。于是，两人开始交往。与她过往的恋人相比，不聪明的他有时会让她抓狂。但是，他始终不变的态度，不知何时起使她感到无比安心。

现在，他们结婚已经十几年了。起初的几年内也有不安稳和痛苦的时候，但是随着时间流逝，夫妻关系稳定下来。现在的她，非常感恩能有幸与他相遇。

"人际关系不稳定，反复于极端之间"这一诊断标准中，蕴藏着导致人们误解边缘型人格障碍的因素。边缘型人格障碍的患者在人际关系方面都极为善变，是十分令人遗憾的误解。

即便是同一个人，在不同的环境中，也会承担起完全不同的角色，行为举止可能会截然不同。任何人处于缺乏关爱的环境中时，都会产生不信任、自我否定及愤怒等情感。与此相对，如果处于获得关注、自身价值能够得到认同的环境中，人便能充满活力地以爱和奉献回馈周围的人。

这么来看，②所描述的症状，需要从患者自身和其所处的缺乏认同的环境两个方面来考虑。事实上，很多时候，问题仅在于患者的生活环境，只要将患者置于使其安心、能够获得认同的环境中，其症状不仅能够得到改善，其本人还能展现出极具魅力的人格。

我们必须警惕，边缘型人格障碍的诊断行为本身，也有"不认同"态度的一面。

（3）情绪波动剧烈

患者游走在极端之间、波动激烈的倾向，在情绪方面也十分显著。愉悦、充满希望、对待一切都乐观积极，心情恶劣、否定一切，患者在两种相反情绪中的变换迅速且激烈。患者不仅有时心情消沉，也常常产生强烈的焦躁感和恐惧感。某一种心情极少持续数日以上，容易发生程度较小的情绪起伏。这种状态被称为"情绪波动"（mood swing）。

由于情绪变化过于极端，很多患者会感到存在一种不同于自己的连续性。比如，一位男性患者使用不同人称称呼处于两个极端的自己，一个是消极怯懦的自己，另一个则是积极向上的自己。

多数情况下，患者不仅情绪变化较大，而且基本上心情倾向于消沉，还伴随着真正的抑郁状态。既有在一天中某些时候低落、每天都很难受的情况，也有波动的间隔较长的情况。无论哪种情况，患者一旦情绪低落，便极易否定、放弃一切。

抑郁症中伴随失眠、食欲减退、体重减轻、意志活动减退、焦灼感、求死意念等症状的程度较重的类型，被称为"重度抑郁症"或"忧郁型抑郁症"。一般所说的抑郁症，也就是这种类型。然而，近年来，反复出现较轻抑郁状态的"心境恶劣障碍"，以及以伴随暴食、嗜睡和攻击倾向为特征的"非典型抑郁症"逐年增加。很多情况下，边缘型人格障碍会与心境恶劣障碍及非典型抑郁症合并出现。

被抛弃的恐惧被激起、感到自己被忽视、事情发展不尽如人意的情况，都会成为患者心境变化的契机。此外，疲劳、睡眠不足、生理期前也会导致心境变化。虽然很多时候患者可能会不知为何自己忽然心情消沉、焦躁不安，但反思回顾后就会发现是心理及生理方面的因素在发挥作用。

然而，有些情况下，患者可能确实找不到自身状态变化的明确原因。比如，因为季节变化等细微因素导致情绪不稳定，所以有时深究原因并无太大意义。更需要注意的是，患者在一周或一月内的情绪波动变化。

轻度躁狂与抑郁交替出现的双相情感障碍 II 型极易与边缘型人格障碍混同。双相情感障碍 II 型是躁郁症的一种，与边缘型人格障碍在原因及治疗方法上均不同，因此有必要将两者区分开来。但是，两者偶尔会同时出现。

（4）无法控制愤怒等情绪

边缘型人格障碍患者极易受伤，在被伤害时容易反应过度。患者容易因为小事勃然大怒，不能很好地控制情绪。

比如，看似文静的患者，往往会在事情发展违背预期时忽然发怒，态度与表情骤变，表现出攻击倾向。越是面对亲近的人，就越容易发生上述情况。正如一位青年患者所说，"我在面对家人时，很容易忽然生气。对母亲和女朋友，很容易动手"。这也是边缘型人格障碍的特征之一。

也许患者其实并不想说出那些伤人的话，但是在被伤害或因眼前琐事产生怒意时，患者无法克制自己的情绪和行为。在患者因不被理解而焦虑时，出于自我保护的目的，会采取高压态度，表现出攻击倾向。

患者周围的人往往因其前后判若两人而惊诧。然而，在怒火的驱使下，患者经常会忘却所有，不顾场合和状况，做出过激反应。

这是一名女性患者，三十岁出头。在医院门诊，她用柔弱的声音痛切地诉说自己的痛苦，说自己一个人时便会感到不安和消沉，希望住院。在医生表示她现在的状态没有必要住院后，她的表情剧变，开始与医生争执。在事情发展不尽如她意时，这位女性患者将穿着靴子的脚架到医生的桌上，抱着胳膊，破口大骂，肆意释放怒意。

在复诊时，她又恢复了原本冷静的状态，为自己此前的失态道歉。然而，在事情发展不同预期时，她的脸色再度变差，言辞也变得尖锐。

（5）反复试图自杀或自残

另一个边缘型人格障碍的重要症状，是患者反复出现自杀意图或自残行为。据说，七成以上的患者曾有过自残行为。常见的自杀相关行为，有口头提及、书写自杀相关内容，以此要挟、控制周围的人。至于此类行为的动机，既有如一位青年患者所说的"希望获得关注"等较为表层的动机，也有更为紧迫焦灼的心态影响。

割腕等自残行为、大量服用安眠药或镇静剂的行为极为常见。但是，更需要我们慎重判断的是，患者本人向死意愿的迫切程度。

割腕的行为，既是一种患者希望使周围人感到自身痛苦的信号，也具备净化作用（catharsis，释放内心的伤感或恐惧，使心灵得到抚慰）。也就是说，在患者强烈地否定自我、为罪恶感所桎梏时，自残能够使其感到自己已经受到惩罚，有利于暂时抑制"这样的自己竟然还活着"的消极情绪。与暴饮暴食和药物滥用相同，自残行为也会成瘾。患者在反复自残的过程中，会对行为本身产生依赖。

出现自残行为或自杀意念的患者，精神状态不同常人，往往会陷入视野受限、自控削弱的轻度解离状态（意识或记忆的连续性崩解）。此外，曾经受到严重的身体、精神虐待（包括性虐待）的患者在伴随轻度解离状态的情景再现（flashback）时自残的情况也很常见。

这是一名女高中生，十七岁，不断重复割腕、滥用药物、做援交。在一次用圆珠笔自残后，她说：

"我之所以这么做，是因为性教育课让我想起很多事。我不太记得自残那一瞬间了。伤害自己，与其说是想惩罚自己，不如说是为了自己好。如果不这么做，我就不安心。看到血的瞬间，我才感到我真正活着，意识清醒，心神安定。我能清楚地感受到自己的存在。自残过程中不觉得疼。结束后逐渐感到疼痛时，我才会想

'又伤害自己了啊'。"

　　与割腕相比，出现试图上吊、跳楼自杀的情况时，患者求死意愿更为迫切，自杀成功的风险更高。介于割腕和上吊、跳楼之间的是通过大量服药的方式试图自杀的行为。然而，如果发现及应对较晚，大量服药企图自杀的行为也可能会造成无法挽回的后果。边缘型人格障碍的自杀率约为 9%，跟踪调查结果显示，满足所有诊断标准的重度症状案例的自杀率则高达36%。

　　如果人们在应对此类情况时摇摆不定、不够冷静，从长期来看，反而容易激化患者的自杀意图。当然，我们也不能认为患者只是为了吸引注意、刻意表演，将问题过度简单化。

　　一般情况下，在出现自杀意图或自残行为后，患者会在一段时间内状态安稳。究其原因，是患者通过上述行为实现自我净化，释放了内心压力，并且感受到周围人的关爱，其情感饥渴的状态暂时得到满足。

然而，在患者反复出现自杀意图和自残行为后，周围人也会逐渐习惯，不再如患者首次出现此类行为时那般不知所措。众人在心态上会认为"又来了"，行为上也会有所怠慢。这时，很容易导致发现过晚、致使不幸发生的状况。

即便患者只是割腕，我们也需要认真对待，不可轻慢处之。这是患者求救的信号，如果处理不适当，患者可能会发展出更危险的行为。在后面的章节中，我们会详细介绍具体的应对方法。

（6）沉溺于自我毁灭的行为

边缘型人格障碍患者，除了有自杀意念和自残行为等直接伤害自身的行为，还容易发生药物滥用、酗酒、滥交、寻求刺激的恋情、偷窃等间接伤害自身的行为。女性患者中，还易见暴饮暴食和购物狂的问题。

这是一名因进食障碍接受治疗的女患者，十七岁。

除反复暴饮暴食和催吐之外，还无法控制自己的偷窃行为。女孩年幼时父母离婚，祖父母将她养大。据说，在进入高中前，女孩一直都机灵开朗，成绩优异，也经常帮忙做家务。然而，在进入高中后，女孩忽然变得情绪不稳定，开始暴饮暴食，然后在厕所催吐。此外，她也开始在商店偷窃，囤了用不尽的日用品。明明经济上也不拮据，还偷窃并不需要的东西。女孩说，连自己也不懂为什么会这么做。

暴饮暴食和偷窃，常常是为了治愈情感饥渴的替代行为。对于哺乳期的幼儿而言，"吃"不单是进食行为，还是感受关爱的行为。赠予、购买行为，在很大程度上起到代替此类直接获得关爱行为的作用。偷盗和浪费行为之所以能够治愈情感饥渴，也是如此。

此外，边缘型人格障碍患者（特别是男性），往往沉迷危险运动或危险驾驶。有人认为，这也是患者自杀意图的无意识的体现。

（7）长久的空虚感

边缘型人格障碍患者，常常感到一种慢性空虚。即便在诸事顺利的情况下，患者也容易为模糊的空虚感所环绕。明明应当感到幸福时，患者也易隐隐地感到不满。还有人不习惯幸福的状态，处于幸福的状态时反而感到不适。

在事情发展不顺利时，患者的空虚感则会更强。在患者的心中，之前的努力、积蓄，以及珍视的所有会因细碎龃龉或不满而丧失一切意义。患者甚至会自暴自弃，认为连生命本身也毫无意义。

要摆脱空虚感的折磨，就需要刺激。正因为此，边缘型人格障碍的患者容易沉湎于追求危险刺激的行为。浪费和暴饮暴食，也容易成为消解慢性空虚的行为。

这种空虚感，往往与"在需要时却不得关爱"的状况有关。患者看重的对象未给予患者足够的关怀或表现出否定态度时，患者的空虚感更易加深。

不过，在年幼时期获得过多关注、过度保护下成长的人，也常常会出现上述状况。此类人群尚未实现独立，不能凭借自身实力达成目标，缺乏应有的自尊和自信，在心底否定着自我。

无论是不得关爱还是获得过度关爱，儿童都不会幸福。根据调查，内心空虚感，常见于得不到父母认可、在否定中长大的人，以及在过度保护和溺爱中长大的人。为使儿童健康成长，严厉和温柔、批评和表扬均至关重要。

（8）对自我的迷茫

与长久的空虚感相关，边缘型人格障碍患者对自己的存在有一种不确定感。患者对"生"感到违和，缺乏归属感。

根本性的自我同一性障碍与父母及个人出身背景（家族、民族、宗教）有关。显然，在患者除亲生父母以外还有养父母的情况，或者单亲的情况下，更容易产生自己的父母是谁、自己是谁的孩子这种自我同一性问题。在患者父母离婚、患者与其中一方共同生活时，如果患者与双亲中同性的一方不常见面，或对不共同生活的一方感到亲近与敬意时，也容易产生自我同一性问题。

自我同一性问题多发于青年期，包括今后发展和职业认同、性别认同、自身存在意义等的存在论方面的自我认同等。

在职业认同方面，患者有时会感到在现实生活中没有获得社会认同，始终处于漂浮状态。

很多时候，患者对其已有的社会认同感到不满，便不断地继续寻求认同。这种混乱状态，往往以"我不知道自己在干什么""我不知道我是不是真的想做这份工作"等形式体现。

性别认同也是极为重要的问题，甚至可以说是最为重要的问题。无论是对女性或男性而言，具备值得被爱的魅力并发挥效力，在青年时期至关重要。然而，这一方面的挫折甚至会使患者认为自己在其他方面的成功失去了意义。不为他人所爱、认为自己不值得被爱的自卑感，也就意味着自我同一性处于危机之中。

存在论方面的认同问题，也是青年期紧迫的问题。在这一时期，父母灌注的认同开始失效，个体必须凭借自身找到生存意义。边缘型人格障碍患者，很容易出现"我不清楚自己的心意""我不知道该怎么办""我不知道自己为什么活着"的想法。

十岁到二十岁的年轻人，或多或少都为自己今后的发展道路和存在意义感到困惑。人只能在试错摸索过程中，逐渐找到自身认同。

对于边缘型人格障碍患者而言，这些烦恼从根本上威胁着患者的人生。这些根源性问题，与患者缺乏自我肯定感和基本的安全感紧密相关。究其根源，往往与使患者自我同一性混乱的状况、复杂的个人背景、个人主体性被轻视或被否定的过往经历有关。

女孩频繁提及，她总是在意周围人的脸色，配合扮演自己的角色。她不知道真正的自己到底是什么。女孩还存在性别认同的混乱，对自己的女性性别感到违和，认为自己是男性。然而，虽然她说去浴室也想去男浴室，同时却厌恶看到男性的性器官。女孩似乎也不抵触以女性身份进行的性行为。从她对母亲、女性的抵触态度来看，背后是对母亲的失望。女孩的母亲以陪酒为生，归来时总是酩酊大醉，有时还会带男人回来。女孩说，她讨厌看到那样的母亲。

（9）暂时失去记忆，表现类似精神病的症状

在遭受强烈心理压力时易出现精神整合功能暂时崩解的状况，也是边缘型人格障碍的特征之一。患者有时会出现解离症状或急性短暂性精神病状态。

所谓"解离"（dissolve），是指意识、记忆、自我同一性等的连续性短暂断裂的状态。典型症状有丧失部分记忆的解离性健忘症、不知不觉间完成长距离移动的解离性漫游，以及变换人格的解离性同一性障碍。比较常见的状态并非丢失记忆，而是意识或自我同一性发生变化的"分裂"（split）状态，以及意识收窄、

自残、过往光影在眼前回放的"情景再现"、因恐惧或厌恶而兴奋的状态。此时，有人记忆清晰，有人记忆模糊，有人记忆与实际情况大相径庭，也有患者本人感受到的时间与实际经历的时间差距极大的情况。

这名青年会忽然出现精神不稳定、极度兴奋、行为暴躁的状态，然而事后并不记得发生过什么。在上述状态发生数次后，他逐渐明白，是几乎相同的场景在脑海中的鲜明再现触发了这种状态。这个场景，是母亲将还是小学生的他留在家中、离家出走时的情景。

这是一名曾经遭受性暴力的女孩。在傍晚时分，她会咯咯发笑，手舞足蹈，朝某处尖叫。在别人向她搭话时，她会自称是另一个女孩。同样，她在事后也不记得发生过什么。她认识发病时自称的女孩的名字，说她是"住在自己心中的朋友"。再问下去，她会说这个朋友在约两年前自杀了。解离症状、幻想与谎言、表演型症状糅合，使诊断更加困难。

在回忆起解离症状时，患者往往会说"像在看电影""像梦一样""像意识脱离了肉体""很恍惚，不太记得了""反应过来的时候，已经……"。

与解离症状类似的另一状态是"人格解体"（depersonalization）。人格解体是产生不真实感的状态。患者意识和记忆清晰、能保持自我同一性，但会感到世界是遥远与虚假的、自己似乎处于不真实的戏剧中。边缘型人格障碍患者有时也会出现人格解体状态。

边缘型人格障碍患者在遭受强大压力时，容易出现解离症状。曾经遭受强烈情感创伤的患者更是如此。究其原因，可能与遭受情感创伤导致海马体萎缩有关。海马体处于大脑深层，是负责长期记忆的器官。

此外，在被周围人孤立、责备时，边缘型人格障碍患者常常出现被害妄想、似乎有人在说自己坏话的幻听状况。被害妄想被称为"偏执意念"。幻想和偏执意念，有时会被误诊为精神分裂症（schizophrenia）。

症结何在

　　如上所述，边缘型人格障碍会在认知、情绪、行为、人际关系、自我同一性等多方面表现出不稳定和极端变动的状态。症状的多样性，使边缘型人格障碍成为棘手难题。此外，边缘型人格障碍的状态还因瞬间或时期而变，前后相差极大。

　　患者在某一瞬间完全健康正常，在另一瞬间却深度抑郁、自杀风险极高；在某一时期内主要表现出恐惧、过度通气、极度完美主义等精神症状，在另一时期内则出现幻听、妄想被害、错乱兴奋等如精神病一般的症状。患者有时还会出现丧失记忆、暴饮暴食、成瘾行为、冲动下偷窃等状态，随后又突然恢复到正常状态。

　　多变和多样的状态，是边缘型人格障碍的特征，也是导致人们难以理解边缘型人格障碍患者、认为患者只是善变任性而已的主要原因。

　　我们如何才能把握边缘型人格障碍的本质？这是我们在下一章中将探讨的问题。

第三章

解读边缘型人格障碍的复杂心理

为何心理咨询难以奏效

对边缘型人格障碍患者而言，标准化的精神分析或被动式的心理咨询，不仅不利于患者康复，有时甚至会导致患者症状恶化，为包含患者本人在内的人带来痛苦的记忆。

一般咨询以专心倾听患者心声为根本，尽量不打断患者倾诉，重视患者的思考脉络。患者本人通过讲述，得以重新审视自身，整合一切。医生或咨询人员在此过程中以解释和表达同感的方式帮助患者。

然而，如果对边缘型人格障碍患者施以同样的治疗方法，则很容易造成与预期相反的结果。无边无际地讲述对周围人的不满和自身的痛苦，有时可能会使患者感到稍微放松，有时也会导致患者更加煎熬。即便是患者当时稍感轻松，这种效果也往往持续不久。

在开始踏入回忆时，患者的讲述会越发扩散，过往种种负面情绪一涌而出。患者会随之失去勉强维系的自控，陷入极度不稳定的状态。

临床上一般以"打开了潘多拉的盒子"的表达方式形容上述状态。一举释放好不容易封存起来、实现平衡的情绪时，如洪水般涌来的情绪会使患者本人、倾听患者讲述的救助人员束手无策。有时，救助人员会感到恐惧，为保护自身安全不得不放弃患者。虽说并非不能打开潘多拉的盒子，但是打开盒子后的局面总是难以收拾。

为什么精神分析或被动式的心理咨询在其他患者身上成效卓著，在边缘型人格障碍患者身上却难以奏效呢？这是困扰许多临床医生的问题。医学界努力了数十年，只为解决这一问题。

在这一章节中，我们将共同观察边缘型人格障碍的心理特性。这些心理特性，虽然不见诸诊断标准，却是从根本上理解边缘型人格障碍的关键所在。

不成体系，因而棘手

我们最先认识到的边缘型人格障碍的认知特性，便是患者虽然能够顺利应对体系化场景，却在不成体系的情况下容易感到困惑或混乱。

比如，在需要遵循的规则、目标清晰的情况下，患者没有太大问题；但是在缺乏详细规则或明确的每日任务、本人要求能够得到满足的情况下，患者反而会情绪不稳定，要求越来越多，并且开始在意他人反应的细微差异，不断地累积不满和焦灼，逐渐失去对行为和情绪的控制。

患者在一问一答之间一切正常，却在任意倾诉时容易逐渐不着边际、朝不现实且极端的方向发展。讲述会使患者的心神产生严重的动摇。

我们通过经验发现了以上特征。此外，"罗夏墨迹测验"（Rorschach Inkblot Test）使另一个事实浮出水面。所谓"罗夏墨迹测验"，是根据受试者对墨迹的联想判断受试者精神整合功能的心理测验。在看到原本没有意义的墨迹时，具备正常精神整合功能的人，不仅能够联想到种种形状，还能够做出合理解释。

然而，在同样情况下，精神整合功能较差的人，则无法回答，或多做出突兀、勉强的回答。这一群体较易对墨迹局部而非全体做出反应，并做出在他人看来不甚合理的解释。在精神分裂症患者身上上述特征较为显著，即便患者保持整合能力、能够做出合理回答，但随着测验进行，症状较重的患者就会给出更多诡谲的答案。

然而，有一群看似健康、确实并非精神病的人，在接受罗夏墨迹测验时，也会表现出迷惑和混乱。这群受试者在当时被称为"边缘"。时至今日，在边缘型人格障碍的诊断中，罗夏墨迹测验也是极为有效的辅助检查手段。

受试者的行为现象与在罗夏墨迹测验中的联想密切相关。在两种场景下，边缘型人格患者在结构清晰的情况下均能够顺利地认识事物、做出行动，在体系模糊的情况下却容易产生混乱。其原因是患者欠缺整合能力。

这一特性，在与边缘型人格障碍患者接触过程中至关重要。我们必须尽可能地确立明确的框架，避免暧昧不清的反应。如果不能明确认识到这一点，不仅难以帮助患者，还可能导致情况不断恶化。

自我与他人的边界模糊

随着研究深入，边缘型人格障碍的另一认知特性也逐渐清晰——患者不能明确区分自我与客体，模糊两者边界，容易混淆自我的视角与他人的视角。比如，患者认为自己喜爱的事物，他人也必定喜爱；反之，自己厌恶的事物，他人也必定厌恶。即便是在大脑中清楚自我与客体是两个不同的存在，自我与他人的感受也不同，却会在不知不觉中混淆两者。

美国精神医学专家奥托·科恩伯格（Otto F. Kernberg）根据客体关系的成熟度，将人格组织分为以下三类。

①精神病性人格组织。自我与客体区分混乱，自我边界模糊。

②边缘性人格组织。在一定程度上维持自我与客体的区分，在承受压力时或处于不成体系的状况中时，自我与客体的区分模糊，容易产生混乱。

③神经症性人格组织。虽然自我与客体区分明晰，由于压抑的内心矛盾，易在与客体的关系中发生不安与紧张状态。

边缘性人格组织的病症中，最具代表性的便是边缘型人格障碍。患者虽然能够区分自我与客体，却又往往混淆两者的状态，会引发许多违背常识的特殊问题。其中较为常见的是"转嫁责任"。比如，患者往往将眼前的痛苦和琐碎的问题归罪于他人，逃避面对真正的问题。特别是在治疗的初期阶段，患者忍耐力较弱，即便是一件使之感到不快的小事，也会被患者用作逃避的借口。

另一个容易发生的问题，是患者只能以自己的基准看待他人。这也是患者总是关注周围人问题的原因所在。无论是人际关系，还是育儿等方面，患者往往会单方面地做出关于对方的判断，营造出好恶鲜明、强烈控制的苛刻状况。

此外，患者也容易被卷入他人的情绪之中。患者不仅容易被他人的情绪感染，还倾向于认为自身情绪会影响他人。也就是说，容易模糊自身情绪与他人情绪的边界。患者在缺乏归属感、为自卑感所困扰时，也会认为他人把自己看作麻烦。在此情况下，患者会将自身的恐惧不安投射到周围人身上，将他人看作迫害者。

缺乏安全感

患者的自我与客体边界模糊，容易混淆自我与他人，这意味着有时患者容易受到他人影响，感到自我同一性始终受到外界威胁。虽然人在承受巨大压力时都会出现这种状态，但是这对边缘型人格障碍患者而言却是家常便饭。因此，边缘型人格障碍患者缺乏基本的安全感和归属感。

缺乏基本的安全感，与自体—客体的关系的不安定性密切相关。在自我与他人分离的初期阶段——与母亲分离时遭受的挫折具有深远影响，往往使患者形成脆弱、未分化的自我。如果不能安稳地离开母亲的怀抱、确立独立自我，人便会感到不安与恐惧。

自我未分化、易与他人混同的倾向，源自主体内心为他人介入、主体的安全感与主体性受到他人威胁的过往经历。此类主体容易感到受周围人胁迫，难以从心底信赖、接纳他人。萦绕心头的违和感，使他们无法放松，不能展现真实的自己，无容身之处。

关于那种"违和感"，少女这样讲述："从小学起，我就感觉我与别人在某些地方不同。初中以后，这种感觉更加强烈。即便是和朋友在一起时，我也只是扮演很开心的样子。有另一个我，在冷漠地看着一切。读到太宰治的《人间失格》时，我觉得我也是那样。"

这种违和感的根源在于少女与母亲的疏离关系。少女自童年时和母亲分开，青春期后恢复了和母亲的交流。在母亲家留宿一晚后，她回忆道："一去妈妈那里，我就恶心得睡不着觉，想吐。明明她是我的妈妈，我却感到很恶心。"

事情发展违背预期时即感到被攻击

早在科恩伯格提出"边缘性人格组织"概念三十年前，梅兰妮·克莱因（Melanie Klein）就为之奠定了理论基础。克莱因是一位极具魅力却性格偏激的女性，她本人也具有边缘型人格障碍的倾向。

克莱因出生于维也纳一个医生之家，是家中最小的女孩。婚后，克莱因陷入抑郁状态，接受了精神分析治疗。后来，克莱因离婚并移居伦敦，也以精神分析家的身份开展工作。克莱因有三个孩子，自己也从事儿童精神分析工作。在此过程中，她发现了一个关于与客体关系的发展的重要事实。这个事实在当时被认为有利于理解精神病病因，在现在看来也适用于了解边缘型人格障碍。

克莱因认为，儿童在成长过程中展现出两种客体关系。一种通常见于极其年幼的婴儿，在自身欲求得到回应时心满意足，在不被满足时则会尖叫、哭泣、发怒。婴儿只会认为有乳汁的乳房是好乳房、没有乳汁的乳房是坏乳房，根本不管无论有无乳汁都是母亲的乳房。此时此刻的欲求是否能够得到满足，是婴儿判断善恶的唯一标准。克莱因将局部及瞬间的满足或不满足与客体联系起来的关系称为"部分客体"。

如果主体此时此刻的欲望得不到满足，那么无论此前得到过多少，主体的内心都会为此刻的不满和不悦所占据，爆发怒意，号啕大哭。在事情发展违背预期时，将一切归罪于"恶"的客体，并对其感到怒气冲冲、展现攻击倾向的内心状态，克莱因将其称为"偏执—分裂心位"（paranoid-schizoid position）。

即便是成年人，在客体关系不成熟的情况下，也容易陷入上述状态。

"连天气预报都背叛我。"

一名苦于抑郁和被害妄想、反复尝试自杀的女性在讲述某日消沉时的状况时如此说。

"我每天都看天气预报，就那天不准。我觉得它是故意不准的。连天气预报都背叛我。我觉得我什么都没办法相信了。"

这位女性在一定程度上混淆了外界状况与自身内心状况。下雨导致洗衣服的计划不能如期展开，因计划被扰乱而生出的焦灼郁闷被投射至天气预报不准这一外界事件，使其感到连天气预报也在与自己对抗。这位女性陷入了"偏执—分裂心位"。但是，与妄想性障碍等系统性、持续性的妄想不同，这种状态往往持续不久，主体也能理解这种想法并不现实。在边缘型人格障碍患者身上，常见上述状态。

与之相对，在断乳期起发育的阶段，儿童逐渐理解母亲是一个独立的客体，无法时时满足自己的欲望与要求，无论是能够使自己满足的"好母亲"还是不能满足自己的"坏母亲"，都是自己的母亲，都需要对其认同。除自身状况及情绪外，儿童开始关注对方的状况及情绪。将好的部分与坏的部分包括在内的、与对方完整地关联的关系，克莱因称之为"完整客体"。

随着完整客体的发展，儿童开始看到更多状态。在被母亲斥责、母亲悲伤时，儿童不再是单纯哭泣、发怒、发泄不满，而是感到沮丧、归罪于自身。克莱因将问题归罪于自身因而消沉的状态称为"抑郁心位"。

然而，由于承认自身过错往往伴随着痛苦，人会出现竭力排斥的反应。为了回避"抑郁心位"，患者会采取强硬态度、试图保护自己。这种机制被称为"躁狂性防御"（manic defense）。边缘型人格障碍患者为了避免抑郁，往往会出现躁狂性防御状态。然而，在躁狂性防御被击破时，患者会忽然变得怯懦，否定一切，容易陷入消沉状态。重要的是，周围人不应当把患者的躁狂性防御的保护盾看作患者的真实想法。

克莱因的理论虽然源自儿童精神分析，却能有效地用于解释边缘型人格障碍患者的内心状况。

一名二十多岁的女孩，在自己出轨导致与相恋多年的男友分手时，神采飞扬地说："反正本来也要分手，心情舒爽。"接着，便大倒前男友的苦水。然而，在与新男友关系不顺时，女孩忽然抑郁，后悔自己对前男友做出的行为，开始自责。

无法摆脱过往人与事的影响

一种被称为"投射性认同"（projective identification）的心理机制更为复杂，也就是将过往与他人的关系和现在与他人的关系混同。

比如，与父亲关系亲密的女性或年幼丧父、对父亲怀有憧憬的女性，在面对自己喜欢的、较为年长的男性时，往往会将父亲的形象投射于其身上，容易很快就做出亲昵的行为。然而，在距离拉近、男性展现出真实状态时，女性会感觉梦想破灭，开始指责或攻击男性。与之相反，如果是对父亲怀有强烈逆反心理的女性，在面对年长的男性时，则会表现出试探、挑战的态度。在男性出现有失冷静的反应、使其失望时，女性则会嘲讽。

强烈抗拒母亲的女性，在遇见与母亲性格或印象相近的女性时，常常采取批判性的态度。依恋母亲的女性，则会依赖与母亲类似的人，试图从其身上获得柔情与关爱。

主体过往的人际关系左右其当下的人际关系。在感到患者难以接近或过于亲昵时，往往是因为患者的态度和行为模式受其过往的人际关系所影响。

美国精神医学家哈里·斯塔克·沙利文（Harry

Stack Sullivan）将此称为"并行的牵线者"。在面对眼前的人时，患者同时看到的还有记忆中与此人相关的人。

鉴于边缘型人格障碍有如上特性，希望帮助患者的人不仅会进入与患者本人的关系，也会间接地进入患者与他人的关系。患者令人疑惑的行为往往蕴藏着重要的含义，只有了解包括背景在内的情况，我们才能理解患者的行为。在治疗中，医生需要追溯梳理患者过往的亲子关系等人际关系，从过往"亡灵"的桎梏中释放患者。

这是一名曾经在母亲的虐待中长大的十六岁少年，存在情绪变化和自杀意念的问题。他频繁地提出各种为求关注的细小要求、表示身体不适。在工作人员难以应对时，他便会勃然大怒、破口大骂、制造噪声。被提醒后，少年总是先发怒，最后哭着道歉。在又一次重复这种行为模式后，他流泪道歉："我总是这样。即使错的不是我，我也总是道歉。"当工作人员问他总对谁这样做时，他答道是对母亲。在面对施虐的母亲时，即便情况不同，少年也总是采取同样的行为模式。

实际行为违背真实心理

与缺乏基本安全感、客体关系不稳定相关的常见特征，还有容易采取矛盾的行为。在情感饥渴或被抛弃的状态中，患者极易产生明明渴求关爱却做出背离或攻击性的矛盾反应。这也是患者令人感到棘手的原因之一。

情感饥渴的儿童经常出现自相矛盾的行为。比如，刻意捣乱、在背后做坏事、背叛他人信任。"情绪障碍"的儿童的行为模式，与边缘型人格障碍的成年人的行为模式中，具有明确的连续性。

如果一个人日常便能接触患有情绪障碍的儿童，那么，对他而言，边缘型人格障碍的心理模式是极为明晰易懂的。虽然边缘型人格障碍患者因年龄较长而具备较强智力和语言能力，但两者在根本上却是相通的。

行为"冥顽不化"，不坦率，封闭内心，刻意使人烦扰。这种行为方式，与其说是患者故意为之，不如说是患者不得已而为之。如果不能理解这种看似矛盾的行为模式，便不能有效地应对边缘型人格障碍。

在面对患者矛盾行为时，不要对患者表面的行为做出反应，而是要看透患者的真实想法。

易反应过激

如前所述，所谓"边缘型"，最初是指处于精神病与神经症之间，或精神病与正常状态的边缘的病症。当时，"精神病"一般指精神分裂症。20世纪70年代前的主流观点认为，边缘型人格障碍是处于精神分裂症和神经症的边缘性状态。由于患者存在被害妄想、弱整合功能、短暂的精神病状态等症状，当时的医学界十分重视边缘型人格障碍和精神分裂症的共性。

然而，在20世纪80年代左右，情况发生了极大改变。对患者遗传背景展开的调查显示边缘型人格障碍实际上与情绪障碍关系更为密切。随着有关报告陆续问世，医学界开始重视患者情绪控制问题。20世纪80—90年代，本身也是重新审视"情绪"重要性的时代。神经科学的发展揭示了情绪本身与控制情绪的大脑这个系统，临床上也逐步确立起以管理情绪为目标的治疗方法。使用心境稳定剂的药物疗法取得了进步，通过修正认知、学习适当的反应方式以改善情绪控制的认知行为疗法也得到了发展。

美国心理学家玛莎·林内翰（Marsha M. Linehan）确立了针对边缘型人格障碍的认知行为疗法。在她看来，边缘型人格障碍的基本症状即情绪管理问题。情绪是有关生存的强烈感情，如怒意、悲伤等。通常，人们的情绪是稳定受控的，很少频繁出现悲伤哭泣或愤怒的情况。只有在自身安全和尊严遭受重大威胁，或出现特别喜人或恼人的情况，人才会强烈兴奋并采取行动。

然而，在情绪管理不力时，琐碎小事也会使人反应过度，容易触发过激言行。周围人也能感受到其激烈的情绪变化。林内翰认为，情绪管理问题影响行为、人际关系、自我同一性等，使这些方面同样极易出现不稳定的状况。这种观点也获得了许多支持。

情绪管理问题主要有两个方面。一个是不能实现情绪的细微操控，情绪起伏激烈；另一个则是容易受伤，对小事也容易反应过激。前者属于躁郁情绪控制问题；后者则源自创伤后应激障碍（PTSD），是因情感创伤而过度敏感的问题。

遭受创伤后，令人不快的记忆会刻印在人脑中的扁桃核或海马体上。在再次出现类似情况时，人便会激动，为负面情绪所控制，出现攻击或逃避反应。这种情绪变化极为强烈，很难以理性控制。

由于脆弱、易受伤，他人无心之言等也会如刀般尖锐，使患者失去冷静，感到内心委屈，采取明知不利的行动。周围人也会因此提心吊胆，如履薄冰。患者容易受伤的心态，与其被伤害的过往体验有关。

好奇心旺盛，容易厌倦

与情绪管理问题相关的特征，是患者好奇心旺盛，而旺盛的好奇心又影响着患者的行为模式。好奇心旺盛，既有容易分神、厌倦的一面，又有富有感性、创造性和自我表现力的一面。在诗人、作家、音乐家、演员等艺术家中存在较多边缘型人格障碍患者的情况，也许与此特性有关。一般认为，求新求奇的心态与药物滥用存在较强关联。

人的好奇心很大程度上受到秉性影响。因此与其称好奇为一种性格，不如认为是一种气质。虽然不是所有边缘型人格障碍患者都表现出强烈的好奇心，但是典型的患者一般都具备此特性。典型患者中，也有在童年时期出现注意缺陷与多动障碍（ADHD）倾向的患者。曾经遭受虐待的患者，很容易出现多动障碍倾向。

诗人波德莱尔（Charles Baudelaire）、阿尔蒂尔·兰波（Arthur Rimbaud），作家阿尔贝·加缪（Albert

Camus）、弗朗索瓦丝·萨冈（Françoise Sagan），演员玛丽莲·梦露（Marilyn Monroe）、简·方达（Jane Seymour Fonda），战地摄影师罗伯特·卡帕（Robert Capa）等，被推断为边缘型人格障碍典型患者的艺术家不胜枚举。

阿尔蒂尔·兰波——法国诗坛上如彗星般的存在。其十六岁时的诗作惊艳保尔·魏尔伦（Paul Verlaine），在短短三年内便以《地狱一季》《灵光集》等作品确立了被称为"语言炼金术"的新鲜诗风。兰波具有不稳定而敏锐的感性和空虚感，为对家庭的纠结情绪所困扰，一生漂泊羁旅。

与母亲的扭曲关系，横亘在兰波的心底。兰波的母亲执拗、顽固、冷漠。在父亲离开、兰波与母亲共同生活后，兰波开始叛逆，多次离家出走。十六岁时，兰波写信给魏尔伦，在获得认同后便奔赴巴黎，与魏尔伦同居，两人开启了断袖之恋。然而，在情感纠葛下，魏尔伦用枪打伤了兰波。虽然兰波只受了轻伤，魏尔伦还是被判入狱。

与魏尔伦分别后，兰波执笔写成《地狱一季》。十九岁时，兰波封笔，签署了六年的雇佣兵契约，加入荷兰军队，并随军队开赴巴达维亚（今雅加达）。他后来又脱离军队，成为英国船只船员，返回法国。游历欧洲数年后，二十六岁的兰波开始在非洲经商，直至十一年后因癌症去世。停笔不作的兰波留下了数百封家信。他既渴求家人的关爱，却又必须保持距离，这深层原因必然是他曾经受伤、不能安稳的心。

思维极端化

情绪管理有两个阶段。其一是直接控制欲望或情绪；其二是通过管理看待外界信息的方式（即管理认知）间接地管理情绪。"行为疗法"针对前者，"认知疗法"以后者为目标。

从认知的角度来看，边缘型人格障碍的根本问题之一在于患者容易陷入极端化思维。非黑即白，非满即无，非成功即失败，非友即敌——患者的观点两极化，没有中间地带。

"一件事不顺利，我就觉得事事不顺。然后厌倦一切，想放弃一切。"

"失败了，就没办法再退后了。争吵之后，怎么可能和好呢。如果在关系中受挫，我就会想逃避，不再见面，什么都不看。"

边缘型人格障碍患者在人际关系和情绪上常常出现极端波动，也是因为这种一分为二的认知模式。患者虽然被极端化思维桎梏，其本人对此却并无违和感。然而，冷静思考后，我们便会意识到这种思维模式不能对现实做出正确的回应和评价。现实中既不存在绝对的善也不存在绝对的恶，世间万物具备多种姿态，随情况变化。一分为二的思维方式，对现实不是美化便是丑化，不能如实地反映真实情况。

极端化的认识模式，会使患者在一开始对寻常的事物极度理想化，并在事物开始逐渐出现细小破绽时突然大失所望，进而否定一切。

一分为二的认知方式，天然具备将人从幸福推入不幸的属性。比如，无论对方是如何亲切温和的人，在患者产生细微不满后，也会感到被其背弃，甚至酝酿出怒意。患者对对方的评价，不仅是降到零分，还甚至会在期待落空时降到负一百分。

在遭受这种态度转变后，帮助患者的人也会感到被背叛，郁闷气愤。重复数次之后，帮助者便会置之不理，切断与患者的关系。

更为棘手的是，患者认为与自身预期相符的人为"好人"，不符的人为"坏人"，以此对周围人进行分类。患者向"好人"倾诉"坏人"的行为、博得同情的同时，将"好人"抬高，在不知不觉中影响甚至控制他人。

结果，理应共同帮助患者的人中会产生对立。"好人"扮演着守护患者的保护人角色；"坏人"指责"好人"只是溺爱纵容患者，承担起残酷迫害患者的角色。

患者本人一分为二的认知方式，影响到周围试图帮助患者的人。人的心理变幻莫测，在相处中很容易受到他人心理状态的影响。在接收到积极情绪时，人往往会做出正面回应。反之，在感受到他人消极情绪时，人也会容易被负面情绪囚禁。

本身情绪管理较弱的人，极易为边缘型人格障碍患者的怒意或焦虑所影响。在第三方看来，患者的情绪致使帮助者躁动不安，就像大火燎原一般。

帮助处于焦灼状态中的人时，如果自己也变得焦虑不安，那么这一切毫无意义。所以，帮助者应当冷静、安稳地接近患者，不为其情绪起伏和一分为二的思维方式所缠绕。帮助患者的人，也应当就合作和方向等方面达成共识。

帮助边缘型人格障碍患者康复，即修正患者不当反应、使其学习适当反应方式。在此过程中，模范必不可少。不能展示良好模范却希望患者情况好转，就好似不会说英语的老师期待学生能对英语运用自如。反之，如果处于英语环境，即便是放置不管，学生也能掌握英语。边缘型人格障碍的治疗方式，也是同理。

此外，患者必须先意识到自身极端化思维的问题所在，才能战胜边缘型人格障碍。一分为二的思维方式，是刻意将幸福变为不幸的认知方式。要解决生活的痛苦和纠葛、使生活轻松怡然，实际上不需要改变周边环境，关键在于改变自己的认知方式。意识到这一点时，我们的人生也会完全不同。

矛盾心理

与一分为二的认知模式一样，矛盾心理亦是常见于边缘型人格障碍的认知及情绪特征。矛盾心理与一分为二的认知模式都是游走于两个极端之间的情绪问题。但是，矛盾心理并非仅出现两极之一，而是两极并存的状况。在整合功能较弱时，矛盾心理与一分为二的认知模式则会增强，情况比较严重的患者更易出现矛盾心理。

比如，患者确信自己一定会遭到抛弃时，会同时产生爱憎两种情绪。在此思维或情绪模式长期持续后，患者便往往不再意识到该思维或情绪模式产生的原因，而仅是长期怀抱矛盾情绪。在童年时期遭受虐待、不受关爱、自我整合功能弱的患者身上，容易出现上述情况。

在与此类患者接触时，我们会同时感到两种情绪袭来，感受对方的信赖和好感时，又忽然遭受截然相反的反应，因而为之困惑。常与矛盾心理共同提及的，还有"双重束缚"（double bind）的概念。也就是说，一个人会向另一个人同时发出靠近和远离的信号，使另一个人不知所措、陷入两难境地。两种信号，孰真孰伪？从全局出发理解判断，至关重要。

边缘型人格障碍患者的父母或负责治疗的专家常常会在不知不觉中对患者采取矛盾反应。语言上亲切温柔，但表情和氛围却表现出对患者的抗拒。这也会造成双重束缚的状况，使患者的矛盾心理增强。如果仅期待可喜结果，反而会使患者负面情感增强，加剧情绪对立。

为了防止上述情况发生，需要注意的是不要仅讲述积极或消极内容，而是兼顾两面，使患者本人理解具备两种情绪十分正常，使其所见所述应即为所想。如此，患者的矛盾心理便能得到改善，利于患者恢复稳定状态。

情感饥渴更甚于人

在前面章节，我们了解到边缘型人格障碍患者容易感到被抛弃的恐惧和不安，容易在人际关系中出现不稳定的情况。我们也知道，其根本问题在于患者难以拂拭的情感饥渴和对关爱的渴望。

在如上状况的背景中，往往有患者年幼时感到对自己的关爱受到威胁的情感体验。即便是看似成长于充满关爱的普通家庭中的患者，实际上认为自己不被父母所爱的也不在少数。很多患者都在说："没人疼我。"

在最怕对自己的爱会被夺走的敏感时期遭受的情感创伤，总是会长久地刻印在患者心中，转化为患者对被抛弃的过度不安和希望获得关注的倾向，并且在早期便得到显露。

一部分患者，会暂时压抑上述倾向与对关爱的渴望，但在青春期前后会再度出现这种状态。

有人指出，作家太宰治也患有边缘型人格障碍。在他自杀未遂前写下的遗书，也是他最初的作品《回忆》中，他写道：

"我在学校写的作文，也可以说是一塌糊涂。我努力把自己写成神秘的好孩子。只要这样，就能博得大家的喝彩。我甚至抄袭了。我当时被老师赞为杰作的《弟弟的手影》，也是照抄了哪本少年杂志上的一等奖作文。"

…………

"然而，我如果在作文里写些真事，必然会发生不好的事。我在作文里抱怨父母不爱我后，班主任把我叫去办公室，批评了我。"

发自内心地否定自我

边缘型人格障碍患者对关爱的渴望、对被抛弃的不安与恐惧、反复出现的自残行为或自杀意念，背后的问题均为患者心中强烈的自我否定。

患者常常感到并表现出因生存意义和价值而迷茫、感到不被爱的困惑。也有更为激烈的患者会强烈地诅咒"生"，"生而为人真是不幸""我想消失得无影无踪"。

边缘型人格障碍的患者，不能好好珍惜自己，常常会过于随便地对待自己、贬低自己，甚至伤害自己。这背后的原因，很多时候都是患者珍重的人未将其看作不可替代的存在，否定或伤害患者。

约一半患者的父母承认确实曾让患者感到寂寞、未能好好地爱护患者。但是另一半患者的父母却表示自己已经竭尽全力地倾注爱意，无法接受眼前的情况。

有些父母还会强调，患者从小就任性执拗，给他们带来了挑战和困扰。

这些父母虽然都具备社会常识、在伦理上也无可指责，却只能从自身视角出发理解孩子，很难站在孩子的立场上体会其内心世界。

很多情况下，父母中的一方容易情绪激动并做出过激反应。当与自身标准冲突的情况发生时，父母便不谅解、威胁要抛弃、否定一切地责备孩子。在父母看来，这只是在努力教育引导孩子。

这是一名因滥用药物、不安、抑郁症而造访医疗机构的女孩。女孩十九岁，体型瘦小。她面容稚嫩，但是与其说天真无邪，不如说有一种不得父母关爱的人身上特有的、虚长年华的幼稚感和阴郁感。

小学四年级时，女孩因遭受校园霸凌，长时间地把自己关在房间里。她极度不自信，每日都非常不安，依赖药物排遣不安。对女孩而言，活着只是不安和痛苦，她几乎不曾感受过快乐。只有药物能帮她摆脱不安与痛苦，使她获得安宁。

女孩有一个大她一岁的姐姐和一个小她三岁的弟弟。与内向腼腆的女孩相反，姐姐外向活泼，性格积极。父母十分疼爱性格开朗、成绩优秀的姐姐，却总用近似嘲讽的眼神看女孩，也不曾表扬过她。

女孩说，在她小学四年级不去上学时，父母告诉她上学是孩子的任务，逼她去学校。父母说："你之所以被欺负是因为你性格太阴暗了。"

女孩现在已经十九岁了，却仍然展现出一种对父母关爱的执着。她说，如果可以的话想和母亲一起睡觉，但是她知道母亲不会同意的。毕竟父母连看到她的脸都会厌烦——她对此坚信不疑。

直接伤害其尊严的虐待行为自不必提，玩笑、口头禅等父母无心之举和态度上的细小差异在日积月累中，也会产生足以扭曲孩子今后人生的影响。因此，在日常生活中培育自我肯定感而非自我否定感的教育方式至关重要。

对父母的强烈执念

边缘型人格障碍患者毫无例外地对父母抱有强烈的执念。这种执念，是既渴求又抗拒的矛盾心理。很多患者表示，自己希望却无法依赖父母。多数患者因得不到父母认可而沮丧——这与患者的自我否定感密切相关。

所有患者都存在过度理想化父母，然后感到失望的情况。即便是在亲生父母抚育下成长的患者也是如此。背负父母价值观和期待的孩子，无论日后始终为父母所控制或得以摆脱父母的支配，都会持续受到父母价值观的影响。过于杰出的父母，则会成为孩子的负担。孩子感到不能回应父母期待，因而为罪恶感所折磨。

成长过程中不曾体验过亲生父母的关爱的人将会反复经历幻想膨胀与悲伤幻灭，其心态更为复杂。

在心中保有爱自己的父母的期待时，人才能确实地支撑自身内心，保持强大。否则，便会始终对父母抱有执念，易于追寻虚空幻想。

"我不想让妈妈参加我的葬礼。"

女孩强烈求死，一年里尝试自杀多达十次。在某天聊到未来的婚姻家庭时，她说的一句话令我印象深刻。

"因为我讨厌我妈，所以我不想要孩子。"

母亲给女孩造成的创伤，似乎至今仍在淌血。

女孩的母亲在生下女孩二十天后便留下一纸书信，从此不知所终。伯父伯母代为抚养女孩。小学二年级时，女孩从朋友口中得知伯父伯母并非自己的亲生父母。她哭着走回家，发现这一切竟是真的。那时的她是优等生，学习努力，不给家人添麻烦，独立能力强。小学五年级时，她见到了亲生母亲。母亲因为兴奋剂上瘾住进了精神病院。她不想自己也变成那样，所以在进入初中前都保持着优秀成绩，也积极参加社团活动。

然而，当她在初中社团活动中受挫、开始对养父母叛逆时，养父母放言道："你和你妈妈一样。你去找你妈妈吧。"无家可归的感觉笼罩了女孩的心，她开始割腕。那时，女孩母亲突然出现，女孩在初二时开始和母亲共同生活。虽然女孩在那之后马上就后悔了，但是为了讨好母亲，她始终忍耐着和母亲一起生活，甚至还开始帮助母亲秘密出售兴奋剂。这年秋天，她遭受了母亲男友的强暴。母亲不仅没有保护她，反而忽然对她态度冷淡。最终，母亲和女孩在争吵后分道扬镳。

从那时起，女孩的生活更加混乱。她开始和年龄大她几倍的黑社会成员交往，服用兴奋剂。女孩十八岁时，贩卖兴奋剂的男友把罪责推到她身上，她因此被捕入狱。

女孩在试图自杀的次日，如此讲述她对被母亲背叛的执念——"我不想让妈妈参加我的葬礼"。

萎缩的自恋

自恋，是另一个看待边缘型人格障碍时的有效视角。边缘型人格障碍也可被看作"自恋障碍"的一种，患者的自恋萎缩减弱。与此相对，以过度自信和傲慢为特征的自恋型人格障碍，则是自恋过度膨胀的类型。

海因茨·科胡特（Heinz Kohut）开创的著名的自体心理学认为，通过早期自恋得到恰到好处的满足，人能获得更为成熟、与现实平衡的自恋。自恋的发展路线大致有二，其一为"夸大自体"，其二为"双亲影像"。前者指错以为自己是神明的极其幼稚的自恋，以表现欲与认为自己无所不能为特征；后者指通过如神明般绝对化、畏惧父母而投射至父母身上的自恋。为了使儿童的自恋健康发展，必须适当地满足并逐渐割舍两者。如若种种原因导致儿童过早受挫或遭到过度控制，便会出现自恋发育不良的情况，夸大自体或双亲影像将持续发挥效力。

科胡特的上述理论原本是针对自恋型人格障碍的治疗理论。后来，人们逐渐发现该理论也适用于边缘型人格障碍。不过，自恋型人格障碍与边缘型人格障碍之间存在巨大差异，前者以夸大自体膨胀为特征，后者则以双亲影像过于强大为标志。

自恋型人格障碍患者具备压制双亲影像的强势夸大自体，极少为双亲影像所击溃。边缘型人格障碍患者面临强大的双亲影像，其夸大自体则十分羸弱。即便是希望鼓起夸大自体以对抗双亲影像，也无能为力。

结果，患者的自恋处于极度不安稳的状态，如若不时时努力便无法支持自身，陷入消沉之中。患者易对自身过于严格，持否定态度与罪恶感。为了在消沉中获得支持、摆脱情绪低落，患者容易执着于满足夸大自体的表现癖和万能感的事物，或求助于能够满足其双亲影像的理想化需求的客体的关系，却因双亲影响过于强大，患者认为现实中的客体反而背叛了自身期许。

夸大自体与双亲影像均衡发展、向现实妥协的过程，与促使患者原本的自我走向现实的过程密切相关。然而，在边缘型人格障碍患者身上，双亲影像的负面控制过于强势，导致患者没有培养出自我肯定感；夸大自体的要求也在早期便遭到压制，致使患者暗怀表现的欲念。患者处于自我否定与自我表现的矛盾纠葛之中。

按照自体心理学的解释，患者之所以容易陷入抑郁状态，也是因为双亲影像过强而夸大自体过弱。情绪和人际关系方面的不稳定，也是患者内心施加控制的双亲影像与试图反抗控制并夸耀表现自身的夸大自体斗争的结果。在双亲影像处于优势地位时，患者便会为罪恶感和自我否定感所笼罩，彻底崩溃。

这类患者中的很多人，都对亲子关系心怀芥蒂，既在心中不断追寻父母，又感到无法依恋父母。自体心理学认为，这与患者在发育过程中未能与双亲影像告别有关。

"真实的自我"抗拒"虚假的自我"

边缘型人格障碍的基本障碍，包括整合功能和自我功能脆弱、情绪管理不力、一分为二且自我否定的认知模式。在这些障碍背后，是患者源自被抛弃的过往体验的情感饥渴、与双亲的隔阂、曾遭受创伤且不稳定的自恋问题。如果从整体来看，这些症状及背景因素又具有什么意义呢？

答案之一是边缘型人格障碍是在自我形成过程中生出的障碍，患者在确立真正的自我的过程中遭到挫折。幼年遭遇的问题使患者由"父母给予的自我"发展出"真正的自我"的过程并不顺利，导致"真正的自我"抗拒向父母借来的"虚假的自我"。

形成自我，需要经过否定过往自我、树立完全相反的自我、最终整合两者发展出新自我的辩证过程。如果缺乏这一认识，不能放下过往的自我，或拒绝过程中出现的与过往相反的自我，那么自我形成过程将更加艰难。

负面体验体现于大脑

从脑功能的角度来看，这些状态会反映出何种病症呢？

最近的研究显示，情绪中枢扁桃核等大脑边缘系与控制这一区域的前额叶皮质（prefrontal cortex）共同协调发挥作用，实现情绪控制。较之正面体验，扁桃核对人受到威胁时的负面体验更加敏锐。过往负面体验过多时，扁桃核便会更加敏感。如果在童年时期曾经体验过安全和关爱受到威胁，就会更易产生负面情绪。

控制上述反应的大脑组织，主要是腹内侧前额叶皮质（ventromedial prefrontal cortex）。该区域能够考虑善恶得失，阻止不利行为，推动有利行为。当这一区域因某种原因不能顺利工作时，人便无法有效控制情绪，易在一时冲动下采取不利行为。

事实上，有报告指出，在重复危险自杀行为的患者身上，该区域的活动减弱。即便是患者的扁桃核极度敏感，只要腹内侧前额叶皮质能够有效管控，便能够回避危险。

然而，在现实生活中，背负负面体验较多的人往往不仅扁桃核容易出现异常反应，其腹内侧前额叶皮质也存在功能低下的问题。究其原因，可能是扁桃核过度兴奋的状态给腹内侧前额叶皮质的发展造成了负面影响。

此外，沉迷于药物、酒精、购物等行为，往往也会导致前额叶皮质功能低下。借滥用药物和酗酒排遣负面情绪，反而会形成恶性循环，导致患者更易冲动、更加难以控制情绪。

基于如上情况，治疗方法包括增强前额叶皮质的控制功能及抑制扁桃核等的消极的过度反应。

针对前者的治疗方法，有认知疗法等精神疗法、心理技能训练，以及使用抗抑郁的药物疗法。针对后者的治疗方法，则有应对情感创伤的暴露疗法及表现疗法、使用心境稳定剂与非典型抗精神病药的药物疗法。大部分疗法均兼具积极和消极效果。

第四章

边缘型人格障碍激增的真实原因

边缘型人格障碍激增原因何在?

掌握边缘型人格障碍的病因和背景,有利于理解边缘型人格障碍并对症下药。一般认为,边缘型人格障碍发病原因主要有遗传因素和环境因素两种,两种因素均至关重要。

容易陷入边缘型人格障碍状态的人在遭遇不利环境因素时更易发病。环境因素主要包括亲子关系和养育关系等。此外,社会体验的影响也不可小觑。患者在养育环境外受到情感创伤的体验和逆境等,也会成为触发病症的要素。

近年来,边缘型人格障碍患者数量急剧增加。为了理解这一现象的真正背景,我们不仅要理解每位患者的病因,也要从社会整体出发思考影响诸原因的要素——社会因素。

1. 从亲子关系分析

以英国为主要发展阵地的儿童精神医学的先驱者唐纳德·温尼科特（Donald W. Winnicott）及约翰·鲍比（John Bowlby）等人的研究成果显示，一个人婴幼儿时期能否与母亲建立稳定关系，左右着他以后自我认知与情绪的稳定。后人研究进一步揭示，建立于婴幼儿时期的母子依恋关系，不仅为孩子一生基本的信任感奠定基础，还在极大程度上影响孩子日后的依恋及人际关系模式、人格形成等。

最近的研究认为，如果人在年幼时与母亲分离或体验过安全受到威胁，在其脑神经细胞层级及感受器层级上会发生半永久的变化。由于某些原因，在幼年时期对母亲的依恋关系褪色淡薄，或过早地离开母亲，易使人的基本信任感及此后的依恋模式变得不稳定且脆弱。

在曾经遭受虐待或被忽视的儿童身上，容易出现"依恋障碍"。年幼时曾经被忽视的儿童，易发生不关心周围人事、对任何人都不展示依恋的依恋障碍；年龄较长时失去父母关爱的孩子，则易出现不择对象地依附他人并能较为轻松地切换依附对象的依恋障碍。

虽然并非所有边缘型人格障碍的患者均是如此，相当部分的患者表现出类似的依恋模式。这类患者具有只要有人关注便不加分别地依附对方的倾向。然而，原本依附的对象不在后，患者便会立刻开始寻找其他可依附的人选。

从形成于婴幼儿时期的依恋的角度思考，对理解上述行为方式极为有效。

事实上，在回顾大部分边缘型人格障碍患者的成长经历时，我们都会发现患者存在婴幼儿时期丧失关爱或被抛弃的体验，具有严重的情感饥渴问题——不论患者周围人是否意识到这一点。在发病前似乎毫无不满的人，在发病后也会毫无例外地讲述类似体验，倾诉自己是如何始终压抑着寂寞的。

未能顺利地与母亲告别

从与依恋理论略有不同的精神分析的视角探索边缘型人格障碍的成因时，会获得极为相似的结论。精神分析重视婴幼儿时期的体验，边缘型人格障碍则格外关注患者与母亲的关系，特别是母子分离时期。

在一岁半断乳后至三岁左右，幼儿逐渐与母亲分离。匈牙利精神分析师玛格丽特·玛勒（Margaret Mahler）称之为"分离—个体化时期"，并特别关注其中的"和解期"。在和解期，与母亲分离的儿童再次试图追寻、依恋母亲。能否顺利度过和解期，对能否顺利实现母子分离极为重要。

科恩伯格及美国精神科医生詹姆斯·马斯特森（James Masterson）等人认为，边缘型人格障碍的原因在于患者于母子分离阶段时受挫。

在马斯特森看来，造成这一结果的，既有儿童方面的原因，也有父母方面的原因。也就是说，有些情况是棘手的儿童和束手无策的母亲，有些情况则是母亲未能给予儿童足够关爱和照顾。当然，两种情况也有可能同时发生。

较之儿童方面的因素，马斯特森更重视母亲方面的影响。在孩子即将与母亲分离，母亲有时会感到不安，担心再无法按自身意志控制孩子。此时，母亲会无意识地向孩子释放"离开母亲自立是可怕而不可为的"这种信号，结果导致孩子陷入"自身想要独立"和"离开母亲即背叛母亲"的两难境地中。孩子只能为了继续做母亲眼中的好孩子而放弃自立，或成为背叛母亲的坏孩子而实现自立。孩子试图自立，将引发被母亲抛弃的不安和沮丧。这种状况，会重现于孩子日后与他人的关系之中。

科胡特认为，自体客体发育不完整与边缘型人格障碍的发生密切相关。科胡特所说的自体客体，是指始终在一个人心中反映自体自爱、守护自体如守护神般的存在。在一个人将必要时给予充足关爱的母亲的形象收入心中、现实中的母亲则在逐渐放手的过程中，其自体客体得到发展。然而，如若现实中的母亲过于冷漠或过度干涉，会导致自体客体失去发展空间。

自体客体发育完整的情况下，即使现实中的母亲缺位，主体也能够支持自身。但是，如果在必需时只获得了不稳定的爱和关系，或者处于过度保护中，人便不能培育出良好的自体客体，反而会切实地为空虚感所笼罩。一般认为，桎梏边缘型人格障碍患者的空虚感，是在关键时期感到倾注于其身上的关爱受到威胁、支持他的自体客体发育不完整所致。

如上，虽然当背景理论不同时，我们对边缘型人格障碍的理解方式也略有不同，但是在离开母亲、实现最初的自立时未能获得适当的爱和关心、不能很好地从这一阶段"毕业"的见解上，各种理论达成了一致。

在实际案例中，也有许多患者在一岁到三岁前后的时期内，在情感方面处于不安定的状况。典型情况有父母关系不佳、父母分离、母亲病弱、家庭成员的关注聚集于其他家庭问题等。出人意料的是母亲极早开始工作、对患者本人关心不足的情况，以及祖父母在养育儿童的过程中占据主导权的情况，也不在少数。

优等生也有风险

20 世纪 80 年代以后，认知行为疗法取代精神分析，成为主流的治疗方法。格外重视婴幼儿时期的观点逐渐消退，越来越多的专家认为边缘型人格障碍患者的认知、行为、情绪偏激的反应方式等是患者在此前人生中学习的结果。其中，亲子关系和家庭扮演着关键的角色。

边缘型人格障碍患者成长的家庭，往往缺乏使患者本人感到安心和自信的表扬、从积极角度出发的评价、肯定。与之相反，家庭对患者不足之处一味批评、不顾患者的努力给患者打上消极的烙印、否定患者的情况却不少见。

美国心理学家玛莎·林内翰将不能感同身受的、武断的、剥夺患者本人自信及尊严等的环境称为"使失效"的环境（invalidating environment）。边缘型人格障碍核心症状之一的自我否定感，便被认为是"使失效"环境的产物。

营造出"使失效"环境的父母，有的显然是蛮横、任性、不稳定的父母，有的是极为彬彬有礼、高学历、有教养、善良亲切的父母。两种情况的共性，在于父母均控制着孩子、不能体察到孩子的心情。

在上述两种情况中，父母本身都很难意识到家庭环境不健全，反而认为一切正常、理所当然。在成长过程中，孩子也极少察觉家庭环境存在问题，反而相信父母的行为和价值观的正确性。双方一般都在许久以后才真正意识到自己的家庭环境并不友好。

结果，孩子会在近乎无意识的状态中，将来自父母的评价及负面观点内化到潜意识中。

在其他家庭看来，患者家庭的价值观和作风不合逻辑且偏激，父母将类似价值观及做事方法灌输给孩子。由于父母轻视孩子的情绪和思想，无论孩子是否符合父母的价值观，"使失效"环境始终存在。而当孩子不符合父母期望时，"使失效"环境会更为严峻，孩子在不知不觉间就被打上了"失败者"的印记。

即便是符合父母价值观的"好孩子"，实际上也未必安全。当发现真实自我的瞬间，或遵循父母价值观构筑的一切碰壁并失效时，孩子会遭受巨大的打击。在证明自己的一切都失效时，其自我同一性和自信便会分崩离析。

　　这是一名因抑郁状态和滥用药物来到医疗机构的十八岁女孩。她打扮得花枝招展，与她父母的朴素沉着形成鲜明对比。父母沮丧道，女孩以前也颇知礼节。

　　据女孩说，她是家中的独生女，从小备受宠爱。父母对她的教育很上心，监督管教也很严格。她除上补习班之外，还学游泳、芭蕾等好几门特长课，父亲整天盯着她，帮她检查作业。当她学不好时，父母便会歇斯底里地发怒。初中之前，女孩为了回应父母的期待努力学习，成绩也很好。然而，在升初中后，课业变难，她的成绩也逐渐下滑。

　　她一直以来忍耐的郁闷生活开始剧变。父母只会让她学习。她越来越叛逆，开始和坏学长交往。父亲努力扼杀她的早恋。她说，她甚至曾被脱光，检查身体。父母强硬的态度，只会使她对父母的逆反心和恨意越发强烈。她回忆道："我觉得我是为了让别人看到我在反抗才去上学的。我想表现我在做坏事才去学校的。"

成长环境影响甚大

边缘型人格障碍的另一核心症状——情绪管理不力，也与成长环境问题密不可分。

人通过长期积攒社会经验获得情绪管理能力，而家庭这一成长环境无疑构筑了社会体验的基础。幼儿时期，人因饥饿、痛苦等身体不适或寂寞、悲伤、恐惧、孤独等精神苦楚而哭泣吵闹，寻求父母的帮助。父母在审视情况后，通过满足孩子需求、要求孩子忍耐、安慰孩子或转移孩子注意力的方式，妥当地处理孩子的情绪。当孩子仍然年幼、情绪控制尚不成熟时，父母则会使用种种方法帮助孩子巧妙地管理情绪。孩子通过如上体验，逐渐学会控制情绪的方法，然后进一步掌握帮助他人的方法。

然而，当其情绪反应遭到无视、惩罚、批评、斥责等火上浇油的处理方式时，孩子不仅无法学会掌握情绪的方法，甚至会形成情绪反应一出现后便急速升级的反应模式。

反之，如果孩子的情绪反应受到过度关注，则会使其不能养成忍耐力和抗压力，也会导致其无法获得控制情绪的能力。在早期的过度保护和其后的"使失效"环境叠加作用时，情况则会进一步恶化。

成年以前，患者在幼年时养成的不良反应模式能在一定程度上得到控制。当某一种刺激成为导火线时，帮助控制不良反应模式的机制分崩离析，不良反应模式再次浮出水面。其中也有下文这种幼年时的反应模式始终无法控制的情况。

这名十五岁少女，辗转于许多援助机构。她情绪波动剧烈，总是心烦意乱，不分对象地展现攻击倾向，反抗老师，常常发怒，对琐碎小事也反应过度。

少女年幼时父母离婚、母亲去世，她在往返于外婆家和援助机构的环境中长大。自小母亲和外婆总是争执，怒吼和争吵如家常便饭。母亲并不关心育儿事宜，将一切都抛给外婆。外婆责怪母亲，总是数落道："你这样也算是妈妈吗？！"母亲也不服输地顶嘴，有时还会离家出走。当时处于小学低年级的她因母亲和外婆的争吵心情烦躁，对母亲说："吵死了，滚出去。"母亲听后夺门而出，再也没有回来——母亲自杀了。

少女在那之后仍住在外婆家中。外婆也是性情刚烈的人，常常反应过度。当她以为外婆对她非常疼爱时，外婆却会说："你和你妈一个样。滚出去。"终于有一天，外婆觉得再也管不住少女，便不顾少女哭泣哀求，把少女留在了援助机构。后来，外婆又感到寂寞，把少女接回家。少女就是在这样的环境中长大的。

少女不仅未获得过稳定的关爱，且自幼便总被裹挟于强烈的情绪中，完全没有掌握控制情绪的方法。而在她周围的大人，即便是对一些琐事，也常常不能平静地接受，而是始终激烈地做出情绪化的反应，一味否定他人。日积月累，少女极难控制自身情绪，使情绪保持稳定平和。

虽然我们倾向于重视患者与母亲的关系，但是患者与父亲的关系实际上同样重要。近年研究显示，边缘型人格障碍患者中感觉遭到父亲拒绝的人所占比例高于感觉遭到母亲拒绝的人。边缘型人格障碍的背景中，常常能看到患者父亲的缺位或被拒绝。

也有人认为，边缘型人格障碍患者的增加与父亲权威的低下有关。不会斥责孩子的父亲反而被孩子摆布的情况，确实并不少见。当然，反抗控制欲过强的父亲、反复采取过激行为的情况也不少。温暖关爱和适当严厉之间的平衡十分关键。

2. 遗传因素影响几何

精神医学专家科恩伯格在很早以前就指出边缘型人格障碍中先天因素的影响。某种遗传因素会使人存在生物学上的脆弱性，再加上环境因素，导致患者发病。

为了发现遗传因素及环境因素的比重，心理学家们采用了孪生子研究的方法。

一项研究以七组成长于不同环境的同卵双胞胎及十八组成长于同一环境的异卵双胞胎为对象，调查双胞胎之间边缘型人格障碍的发病情况是否一致。结果显示，较之遗传因素，环境因素更为重要。

然而，另一项孪生子研究表明，边缘型人格障碍的遗传率为50%—60%。在遗传上，这一疾病与情绪障碍（躁郁症或抑郁症）关系十分紧密。

但是，遗传因素在数十年内不会发生巨大改变。因此，近年来边缘型人格障碍激增，应当是遗传因素之外的其他因素导致。

3. 童年不幸经历的影响

经验告诉我们，边缘型人格障碍患者往往曾经遭受过情感创伤。比如，曾经遭受身体虐待、性虐待、性暴力等的人出现边缘型人格障碍的概率较高。此外，在一些情况下，如若曾经经历离别或亲友逝世、事故或案件，且在当时没有获得适当的处置，因而受到严重的情感创伤时，人也容易出现边缘型人格障碍。患者遭受创伤时的年龄越小，影响便越深远。

我们已经分析过边缘型人格障碍患者情绪波动剧烈、容易受伤、情绪管理不力的背景因素。如果在构建情绪体系的临界点（极度敏感的重要时期）时遭遇创伤，背景因素与情感创伤两种要素亦有可能同时存在。

过往创伤如同异物般对人造成威胁，童年经历又会被内化。患者即便因自身创伤感到违和，却无法轻易将之放下，处置难上加难。不少患者还同时存在矛盾心理。

我的嘴被堵住，我透不过气来。请帮助我！我用力闭眼，这样我才看不见。我爸爸把我拉到他身上，就像妈妈拉一只有破洞的袜子罩在蛋型织补架上。污秽、污秽、别让我捉住你、可耻、可耻、污秽、爸爸不爱我、爱我、肮脏地、污秽、爱他、恨他、恐惧、别让我捉住你、

污秽、污秽、爱、恨、内疚、可耻、恐惧、恐惧、恐惧、恐惧、恐惧、恐惧……①

这些残酷虐待的共性，在于不仅没有将孩子看作需要关爱和守护的对象，反而像对待没有心的物品一样对待孩子——施虐者甚至没有将孩子看作人。孩子的内心体验不仅未得到关注，反而像脏盘子或破布一样被玷污丢掷。反复遭受这种对待的人，很难将自己作为独立于他人且能保证自身安全的人，也很难确立自我与他人的界限，培育出基本的安全感。他们仅有的经历，便是不知何时自己的身体和心便会被他人用作发泄无常的欲望及怒气的工具，被他人践踏。

对于这类人而言，情绪体验如无法控制的飓风一般，他们不能统合自己的情绪，矛盾情绪并存，陷入

---

① 这段文字摘自朱迪思·赫尔曼的著作《创作与复原》(*Trauma and Recovery*)。本书作者参考了中井久夫的日文译本。译者在翻译过程中，亦参考了施宏达、陈文琪的中文译本（机械工业出版社，2015年）。——译者注

解离状态的情况也不罕见。他们面临着比无法保证自我同一性等层级更为严峻的自我崩解的危机。解离性症状，正是这一状态最为直观的表现。

美国精神病学家朱迪思·赫尔曼（Judith Herman）指出曾经遭受以上经历的人常常被诊断为边缘型人格障碍，并提出了复杂型创伤后应激障碍（Complex post-traumatic stress disorder，C-PTSD）的诊断名称。然而，上述名称仍未得到广泛接受。

严重的虐待——特别是性虐待——是引发边缘型人格障碍的因素之一。然而，相对而言较为平缓温和的虐待和受害经历，则会作为一种"使失效"环境，促使边缘型人格障碍发生。

比如，许多边缘型人格障碍患者表示曾经遭受霸凌或迫害。此类负面体验，常常导致患者无法对人怀抱安全感、在人际关系上容易受伤。

一些专家对此观点持有异议。专家指出，虽然患者事实上既有负面体验也有正面体验，但是由于此类患者原本在人际关系上缺乏安全感、容易受伤，导致患者只在心中牢记负面体验，从而构筑了恶性循环。

在创伤后应激障碍研究得到发展的时期，也有很多人认为，边缘型人格障碍是情感创伤后遗症的一种。

然而，与此同时我们逐渐发现，许多边缘型人格障碍患者似乎不曾有过明确的情感创伤体验。此外，即便遭受同样的情感创伤，既有人出现边缘型人格障碍，也有人"幸免于难"。现在一般认为，情感创伤体验虽然可能是边缘型人格障碍的发病原因，但也只是原因之一。

曾经遭受情感创伤的患者容易出现解离性症状，也易伴随创伤后应激障碍症状（过度警觉、情景再现、回避）。

4. 患者以外的原因

以上因素，均为边缘型人格障碍的发病原因。然而，如果不考虑社会层面的因素，便不能说明近年来边缘型人格障碍患者数量激增的真实原因。从这一观点来看，我们会发现现代社会具备所有导致边缘型人格障碍出现的不利特性。

（1）家庭的密室化

其一，是核心家庭化及少子化、地方社会的崩溃导致的家庭精细化和密室化。核心家庭化的结果是家庭结构简单化，家庭中只有父母和少数孩子。小规模家庭，又进一步导致家庭成员在各自房间独自生活成为理所当然。与祖父母、伯父母、邻居等立场不同的多样人员围绕孩子、从不同角度与孩子接触的过往状况相比，目前的状况已经在程度上被简单化了。

结果，孩子的社会体验在质量和数量上都被极大削弱。孩子与他人共度时光的机会减少，其人际关系在质量上也被简单化了。与此同时，亲子关系却得到异样的强化。极度亲密的亲子关系，使孩子无处可逃。与大家庭的生活方式相比，无人协助育儿工作、父母负担变重的同时，父母的影响力也格外强大，父母能够肆意控制孩子。

无论是怎样的父母，都具有一定的偏向或缺点。在亲子关系加强时，父母更容易造成负面影响，而孩子也会直接受到父母的负面影响。过去，祖父母及其他人物会中和、弥补父母的影响。然而现在，这类缓冲的角色逐渐消失，在父母不庇护孩子时，便没有人代替父母保护孩子或劝诫父母，孩子只能被父母左右。

在此环境下，如若父母不稳定、怀抱强烈不安，孩子便会轻易被父母的情绪浪潮或不安感吞噬，与其共同动摇。对于年纪较小的儿童而言，父母无疑就是整个世界。如果父母情绪波动剧烈，孩子的心态也很难安宁。

（2）忙碌的母亲

第二个原因，是离婚率飙升、工作的女性增多、无暇陪伴幼儿的情况。有些时候，为了生活，母亲不得不在孩子尚幼时便开始工作。原本能够喂养母乳的母亲因为工作不得不拜托托儿所的看护人员喂养奶粉。在这一过程中，母乳的分泌状况也会受到影响，并且反映在母子间情感联系的建立上。很多时候，母亲即便能够与孩子共同度过幼儿时期，也会在孩子对分离感到十分不安的"和解期"不得不留下孩子外出工作。这可能会威胁到孩子的安全感，造成孩子的情绪脆弱性。

（3）失范的社会和父亲功能的缺位

我们在前面的章节中了解到，在制度化、体系化的环境中，边缘型人格障碍不易造成问题；当制度和体系废弛，边缘型人格障碍患者容易出现不稳定的状况。从社会的角度来看，这一点认识也同样有效。越是在社会整体规范弛缓、人的行动和思想自由的情况下，边缘型人格障碍患者越易感到空虚、难以找到精神支柱。

与此相关的，是父亲功能的缺位。不仅是父亲功能，现代人在社会各个方面面临权威和曾经不可动摇的价值观的崩解，失去了值得信任的确实存在。社会的"失范"（anomie/anomy），会让原本便脆弱的人更容易发展出边缘型人格障碍。

（4）过度保护的环境

另一个需要注意的社会因素，是过度保护的养育方式因少子化而变得理所当然、成长于有求必应、处于可肆意妄为的环境中的孩子越来越多的情况。

不能有效控制情绪、人际关系、行为，是边缘型人格障碍引发问题的原因之一。对上述事项的控制，与忍耐痛苦的能力息息相关。然而边缘型人格障碍患者往往极度难以忍受对于要求得不到满足的情况。

情绪管理的基础形成于儿童较年幼的时期。在此时期内如果受到过度保护、在情绪或冲动的自我管控上较脆弱的话，因某些原因遭到强烈压力、代偿功能不能有效地发挥作用时，便很容易暴露出其隐蔽的脆弱性。

在此基础上，科学技术的发展使任意操纵环境成为可能，则更容易营造出过度保护的环境。如今，即便是年纪尚小的儿童，在感到炎热时，也会选择打开空调而非打开窗户。很多时候，我们甚至习惯于空调一直开着不关。

在如此舒适的环境中，我们逐渐理所当然地认为不应自己适应环境，而应让环境迎合自己。当事情进展不顺时，我们便会感到更大的压力。以前理所当然的忍耐，如今也不再有效。

当习惯于便捷的信息网络后，比过去更加性急气大的人也不在少数。当欲望立刻得到满足成为习惯后，片刻的等待也变为巨大的痛苦。手机的普及使上述情况更加严峻。与其说媒体和通信手段等可被操纵的环境使人们变成大人，不如说更易使人们变为孩子。

（5）工作和爱好优先的双亲

最后一个因素，是弥漫于全社会的自恋和冷漠。

少子化、经济富裕、家务的自动化等，使父母能够倾注更多时间在孩子身上。然而与此同时，父母也能够将更多时间用于工作或个人爱好。与其说育儿工作是绝对重要的事项，不如说是变为了父母诸多选项中的一个。结果往往是父母使用种种代替品而非亲力亲为地满足孩子欲求。孩子不能获得父母直接的关爱，缺乏被爱的切实体会。

父母也是人，也希望只求自己所爱。因此，孩子的人生会被父母操弄，父母给予孩子的爱则易变幻莫测。

有时，孩子会变为父母的"作品"。即便是成为回应父母期许的"好孩子""优等生"而受到肯定的孩子，也会在达不到父母期望时，丧失父母的关爱。于是，父母的注意力会转移到孩子的其他兄弟姐妹身上。

有时，为了实现父母的期待或愿望，一些孩子会压抑自己的真实想法。进入青年期、开始探索自我认同时，孩子会发现自己的自我同一性不过是"拾人牙慧"，因自身主体性遭到父母侵害而愤怒，迷失前进的方向。

此外，蔓延于社会的自恋和冷漠也不可忽视。越来越多的人缺乏关怀、对他人的伤口漠不关心，使全社会呈现出"使失效"环境的状态。

第五章

边缘型人格的类型

患者的性格底色、素质、背景，导致边缘型人格障碍症状、发病程度、行为方式等因人而异。边缘型人格障碍的诊治方法，也因此而略有不同。在此章节中，我们将依据患者性格底色将患者分为数个亚型，观察各个亚型的特征和常见背景，并讲解相关注意事项。

1. 强迫性类型——不服输的优等生

一丝不苟、洁癖、不能妥协的性格，被称为"强迫性人格"。呈现此类倾向的患者，往往容易发生边缘型人格障碍。在一定时期内，很多此类患者顺从父母命令，过着骄傲的优等生的生活。他们固执的性格也许在年幼时使父母感到疲于应对，但在升入高年级后却能使他们取得优异成绩，发展出傲人的特长。有些时候，人们会忘记他们令人困扰的童年时光，只留下优等生的印象。

这类患者决心努力到底，极少示弱，为了使父母安心而非出于本心地采取行动。他们面对他人时会感到强烈的紧张与不安，为不使他人发怒或不遭到他人斥责而提前准备，不能轻松地对他人依赖撒娇。严于律己、过度追求完美的他们，有时会因为无法达到期望而焦虑。他们看重承担自身职责和任务，不允许随便为之。当他们无法实现目标时，便会心情低落，自我厌恶和罪恶感油然而生。

赫尔曼·黑塞（Hermann Hesse）是德国战后最早的诺贝尔奖得主，著有《在轮下》《玻璃球游戏》等杰作。黑塞自十四岁首次住院接受治疗起，便数次尝试自杀，反复以自杀威胁他人。青年时期的他始终令父母心惊胆战。如果在今天，黑塞应当会被诊断为边缘型人格障碍。

黑塞的案例，为我们寻找父母优秀杰出而孩子却出现边缘型人格障碍问题的原因提供了线索。黑塞成长的家庭环境，具备常见于现代家庭的典型特征。

　　1877 年，黑塞出生于德国南部的卡尔夫，这是一个离德国和瑞士边境不远的小城。黑塞的父母都是热忱的传教士，决心为宗教奉献一生。青年时期的黑塞父亲，因其父再婚而感到被抛弃，又为信仰所拯救。至于黑塞母亲，则在幼年时被同为传教士的父母留在相关机构内，在缺乏关爱的环境中长大。在与黑塞父亲相识前，黑塞母亲以传教士的身份在印度开展活动。两人后来相知相遇，结为连理。这样一对父母，自然对孩子十分严格，希望孩子遵从神的旨意，度过与自己同样的人生。黑塞幼年聪慧，进入神学院，之后成为牧师是父母对他的期待。

　　然而，黑塞自幼便有几分神经质，情感容易失控。此时，黑塞的父母便会严厉地训斥惩罚他，要他乞求原谅并承诺不再犯下相同错误。父母的应对方式却带来了相反效果——小黑塞的问题行为没有收敛。父母最终决定将他送到教团的儿童宿舍。自此后的几年，黑塞只能在周日回家，周日傍晚又会被送回儿童宿舍。小黑塞自然而然地感到自己是被赶出家门的。

　　与此同时，黑塞的成绩依然优异，父母也越发期待黑塞考上神学院。在这一点上，黑塞得到了父母的认可。十三岁时，黑塞进入拉丁语学校，准备参加神学院的入学考试，并且最终顺利地考入了神学院。

　　黑塞进入神学院后，似乎一切都一帆风顺。他的家书中也只有好消息。然而，在父母看来平静顺利的生活突然被打破。在冬雨飘零的某一天，黑塞忽然不知所终。第二天午后，人们在郊外的小屋中发现了黑塞。他在雨中走了一夜，浑身湿透，不饮不食，但所幸性命无虞。黑塞明显出现了精神异常，无法继续在神学院学习。

　　事实上，早在此次事件前许久，黑塞的心就已经不再安宁。黑塞我行我素，从一开始便不适应严格、奉行权威主义的神学院教育。即便如此，他还是为了迎合父母的期待，竭尽全力地学习。然而，在成绩下滑又无法与父母沟通的情况下，黑塞终于走投无路。

　　父母只得把黑塞领走。对坠下神坛的神童而言，故乡家中却没有容身之所。惧怕他人目光的黑塞父母，将黑塞暂时寄养于同是牧师的熟人家中。在牧师家中，黑塞短暂地恢复安定，但没多久他又忽然试图自杀、引发混乱。他与牧师家中比自己年长的女儿关系甚好，对其暗生情愫，后遭拒绝。牧师得知后大怒，建议黑塞父母将黑塞送入精神病院。然而，精神病院医生却认为黑塞不必入院，向黑塞父母介绍了一个由古城堡改造而来的、面向重度智力障碍儿童的机构。

这个机构由城门及城墙包围，独立于世。进入这种机构生活，对十四岁的黑塞而言如同晴天霹雳。他恰似世界末日来临一般，极度绝望地说："与其被关入这样的机构，不如跳井死掉算了。"然后他又咒骂父母。黑塞当时写给父母的信留存至今，里面满是因被抛弃的怒意、绝望、哀怨、威胁、恨意和诅咒。

出人意料的是，随时间流逝黑塞慢慢习惯了机构内的生活，他逐渐恢复稳定，走向康复。在作息规律、协助照顾重度智力障碍的孩子、帮忙做一些园艺工作的生活中，他重拾生的喜悦，感到安宁。这段时光对黑塞此后的人生态度的影响不可小觑。特别是园艺，甚至成了黑塞一生的爱好。

黑塞在完全康复、回到家中后，又忽然情绪不稳，被再度送回机构。他又一次执笔给父母写了一封充满攻击性的书信，以自杀相逼。在使父母痛苦这方面，他充分展示出了自己的生花妙笔。

终于恢复到能够学习的状态的黑塞，选择在远离故乡的城市独自生活，并决定上预备学校，准备高中升学考试。在神学院之梦支离破碎时，通过高中进入大学是黑塞父母能够接受的唯一选项。然而，黑塞的状态依然不稳定，多次出现不顾学习彻夜游乐、拿到手枪以自杀威胁父母的情况。即便如此，黑塞还是考上了高中。可是，父母放心后没多久，黑塞便又精神失常，最终从高中退学。

控制欲强的父母

此类患者的父母均会把生活安排得井井有条，关爱孩子。他们对孩子一般都会严格管教。

然而，他们的管教通常过于严格。父母过度以"好孩子"的标准要求孩子、束缚孩子，孩子为父母所控制。父母将自身期待和价值观放在优先位置，不太关心孩子的情绪和期望。父母认为自己知晓对孩子而言的最优选择，自己是在为孩子铺路。孩子也按照父母的认知前进。父母也许认为自己倾听了孩子的心声，实际上却是在不知不觉间诱导孩子按符合自身期待的方式行动。

当孩子做出不该有的行为或预期失败时，父母会投以严厉的目光。因此，孩子容易被"失败是不好的且令人羞耻的，如果不能完美地行动，自己便毫无意义"的观念囚禁。勤勉努力的孩子易因倦怠、破坏规则的行为感到罪恶。长此以往，父母的话语为孩子所内化，成为孩子血肉的一部分，孩子却往往不能察觉自己被灌注了父母的价值观。

由于长期封禁内心真实想法，这些孩子通常不能表达自身观点。在按照规则、指令、他人制定的目标、他人的期待行动许久后，他们逐渐迷失了自己。

在青春期后，孩子开始对他人设定的目标和价值观感到违和。这原本是确立真实自我的自然行为，但是在控制欲强的父母看来却是孩子偏离原本航线、背叛父母期待的行为。孩子既对过往种种感到疑惑，又缺乏重建崭新自我的自信，因此感到迷茫不安。

此时，曾经勤奋努力的孩子突然变得懒散，开始沉溺于此前不屑一顾的恶行，使父母失望。这类孩子出现边缘型人格障碍的现象背后，往往存在上述机理。此外，患者有时会伴随进食障碍，常常受到完美主义、在意他人评价的影响。

2. 依赖性类型——献身和背叛并存

依赖型人格障碍的患者，始终依赖他人、容易被人利用。此类人格障碍与边缘型人格障碍并发的情况较为常见。

依赖型人格障碍的患者，比起自我心声，更关注他人看法。此类患者习惯性地迎合讨好他人，因此极其容易受骗，甚至还会对利用自己的人阿谀奉承。即便周围已经有许多知交，他们有时还是会不断地发展新朋友。

一位青年这样讲述他的心路历程：

"有许多朋友，是我试图从朋友或前辈那里获得关爱的结果。我一直在寻觅好人。一旦觉得一个人很好，我就会努力讨好那个人，甚至做一些我自己讨厌的事。为什么呢？因为我既不想让对方觉得我是个讨厌的人，也希望对方为我做同样的事。回过头来，发现我已经变成对别人什么也说不出口的人了。"

另一位女性这样分析自我：

"我太尊重别人的心情，有些不会拒绝别人。我一般都看起来比较好接近。听别人倾诉，就会想为对方做些什么。""我想被所有人喜欢。"

这就是她有时会被卷入麻烦的原因，也与她曾经遭遇的背叛息息相关。

这类行为模式的背后，是患者认为自己无能、如果不依赖他人就无法生存的错误观念使然。依赖型人格障碍患者为人亲和，具有奉献精神。当陷入边缘型人格障碍时，他们压抑至此的情绪会忽然爆发，其不稳定、冲动性的倾向会突然得到强化。

患者在为获得关爱或认可竭尽全力、极度疲劳，其情感却遭到践踏背叛时，往往会出现边缘型人格障碍。

恰似风筝断线，他们的内心激烈动摇，反复出现不分对象地向他人寻求关爱和支持、因为琐碎小事便与他人反目的状况。依赖型人格障碍患者，一般对依赖对象忠诚到不问是非。依赖型人格障碍与边缘型人格障碍叠加时，患者会因为一些细小繁杂的问题骤然舍弃、背叛以前的依赖对象。这类患者的特征在于容易为周围环境所左右。

在成长于情感极度饥渴、不安定环境中的人，十几岁时便出现以上倾向的情况也不少见。含泪努力、试图获得对自己施虐的监护人的认可，或者无法憎恶，甚至试图包庇性虐待自己的监护人的情况，也不在少数。

此类患者即便在他人看来有突出才能或优点，也在心底认为自己不值一提，觉得如果不依靠恋人或家人便无法存活。一部分遭受性虐待的患者，则会认为自己是肮脏的，受到残酷的对待也是无可奈何。也有患者会在其后的人生中，选择粗鲁暴力的人作为伴侣，听之任之，忍受压榨。

从依赖型人格障碍发展出边缘型人格障碍的患者类型是发生频率最高的类型，可谓边缘型人格障碍的核心类型。

歌手中森明菜，二十岁时便获得日本唱片大奖，一举成为该奖项史上最年轻的获奖者。她于次年再次获奖，年仅二十一岁便实现了蝉联该奖项的盛誉。红极一时的她，也因其情绪波动激烈、性格变幻莫测、总造成麻烦而广为人知。报刊电视上常有中森明菜在演唱会中突然开始哭泣、在出版社或公司大吵大闹的新闻，甚至还有她在纽约突然跳进喷水池的传闻。这种矛盾的性格和行为，也许正是其魅力的一部分。

中森明菜还有另一面。她重感情，重视家人。据说她之所以以歌手身份出道，也是为了给家里赚生活费。出道以后，她继续为家里还贷款，还在美国夏威夷为父母购置了别墅。她对近藤真彦的一片痴情，也是尽人皆知。然而，她的忠诚和贡献对近藤而言反而成了负担。结果，即便是她如此热爱奉献，最终落得的结局却是和家人断绝关系，和近藤的恋爱也以她的自杀风波画上句号。此后，曾经支持她的人也逐渐离她远去。

中森明菜于1965年出生于东京都大田区，家中经营肉铺。中森明菜上有两个姐姐和两个哥哥，家中生活清苦。在小明菜三岁时，父母常常因为父亲的两性关系问题争吵。小明菜学会了察言观色，拼命讨好母亲。小学二年级时，明菜就开始为家人下厨。据说，在明菜的心中，她始终觉得自己对家人而言是"负担"，是没用、添麻烦的存在。

可以说，中森明菜实现成为歌手、聚敛财富的梦想，也是为了弥补心中的想法。扬名立万、实现梦想后，她也并未收获家人的感谢，反而理所当然地继续为家人偿还高额贷款。她为购入两人爱巢而交付近藤的七千万日元，也最终不知去向。她常说："所有人都利用我。我抽到了下下签。"

受到父母控制的情况较多

由依赖型人格障碍发展出边缘型人格障碍的患者，往往成长于缺乏关爱、不稳定的环境中。大多数情况下，患者父母也情绪不稳定、任性、不能给予孩子足够的关心。也有些父母酗酒、情绪波动激烈、反复施虐。

在这种环境中成长的孩子，自然而然地开始察言观色，小心翼翼地不影响父母情绪，如履薄冰地度过每一天。父母的心情如同多变的天气，忽晴忽雨。孩子束手无策，只能被其操弄。

在上述体验逐渐叠加后，孩子即便不情愿也逐渐学会了两点。一点是隐蔽真实想法、迎合他人的态度。另一点是缺乏无力感以及安全感——自己并不能掌握所谓的"未来"，未来是会毫无征兆、不讲道理地变化的。结果，长大后的孩子会越来越理所当然地认为，比起自己的心情和主张，应当将自己的命运委与他人的心情和偶然的变化。与其选择主动地做出选择、掌握人生，不如选择盲目地追随、过度地侍奉看似会保护自己的人。即便是被对方虐待、利用，为之牺牲，也甘之如饴。

在不断勉强自己的过程中，他们的心中会逐渐产生变奏，失去安宁。起初的症状多为身体症状，如过度通气、暴饮暴食及其他不特定的身体症状。很多患者会以酒精或药物缓解身体症状。在超过一定程度后，患者则会出现重度抑郁、恐慌、自杀意念等症状。在患者内心平衡被打破后，会反复交替出现不安定状态和安定状态。

在一定时间节点，此类患者观父母心情行动、努力讨好父母。他们曾一度理所当然地体察他人心情并提前采取行动以迎合对方。然而在超过一定限度后，他们便无法再继续这样的行为方式。有时，在摆脱父母的束缚并在外界获得认可时，他们会感受从未体验过的自由和解放。

"只考虑自己，做自己的事，我很快乐。"

一位青年如此讲述他不回家、和恶友厮混并使用药物时体会到的解放感。

然而，此类患者并不适应依靠自己、控制自己的生活，往往试图不加分辨地依赖外界。因此，对于他们而言，总有危险在暗处埋伏。

依赖型人格障碍患者不能独自承受孤独和烦恼，不断地尝试寻求能够为其分担、给予支持的人。他们真正寻觅的，本质上是将所有关注和时间均倾注于自身的如完美父母般的存在。然而，对于已不再是幼儿的他们而言，这样的要求很难得到满足。在他们不知如何对待自己、期望落空时，便会开始寻求至少能够与自己度过一生的人。

在依赖型人格障碍患者心底，潜藏着一种寻觅能够同死的人的心理。他们往往容易产生自己一个人便什么都不行、只要和别人在一起就无所畏惧的心态。因此，一旦遭遇毁灭性的人，他们便会朝着不断恶化的方向前进。

与稳定、保护能力强的伴侣相遇，是此类患者在康复道路上最幸运的事情。

3. 分裂倾向类型——如玻璃工艺品般脆弱

此类患者天性纤弱敏感，自青春期前后起便对与他人接触感到过度紧张不安，容易精神疲倦，与他人的交往有限，还会不时出现不稳定的状态。他们会短暂地出现意志消沉、暂时性的幻听现象、精神错乱等类似精神病的症状，而后又迅速恢复，能够继续正常生活。病情好转的速度与程度，使上述病症区别于精神病。

然而，患者即便状态良好，也较易在人际关系上感到压力。他们在职业生活中展现出高人一等的能力，同时又往往难以长期维持一定表现。

患者虽然既安静沉稳、喜爱单调生活，又向往刺激，却无法适应变化激烈的环境。符合其特性的生活，能够使患者免于破灭，使其度过硕果累累的人生。

因《海浪》《到灯塔去》《达洛维夫人》等杰作而闻名于世的英国女作家弗吉尼亚·伍尔芙（Virginia Woolf），容姿妍丽，自早年起便反复出现精神不稳定的状况。

最严重的一次是在伍尔芙二十二岁时。负有盛名的精神科医生也无法确定伍尔芙的发病原因，只是指出"即便不是癫狂，也是近似癫狂的病症"。伍尔芙拒绝进食，对平时亲近的人也出现攻击倾向，幻听，跳窗自杀。所幸窗户较低，伍尔芙性命无虞。三四个月后，伍尔芙近似急性短暂性精神病的症状便消失了。

伍尔芙既内向而纤弱，又有大胆、倔强、辛辣，将男友们玩弄于股掌中的一面。据说她"像钓鱼一样，把自己当作钓饵诱捕男友"。伍尔芙的心情变幻莫测。即便对意中人利顿·斯特雷奇（Lytton Strachey），也在接受其求婚后的二十四小时内又变了心意。

伍尔芙讨厌小孩，特别是婴儿。她曾对周围人说，不能想象自己养育婴儿。个中缘由，也许是她过于纤弱的感性，也许是她幼年时的不幸经历留下的阴影。伍尔芙曾经遭受长其十四岁的同母异父的兄长乔治性侵。由此造成的情感创伤，不仅成为她不稳定的人格和神经性疾病发病的原因，也造成了她对性的恐惧，以及对为人父母的抗拒心理。

二十八岁再度发病时，伍尔芙听从医生建议，进入精神疗养院休养六周。出院后，她重开文笔活动，并且为妇女参政而努力。

三十岁时，伍尔芙与伦纳德·伍尔芙（Leonard Woolf）结婚。伦纳德是犹太人，不太富裕，老实笨拙，总是因过于紧张而手抖。伍尔芙选择他作为终身伴侣，正是因为他虽然朴素，却极为笃实敦厚。从伍尔芙之后的人生来看，她的选择是正确的。

伍尔芙在三十五岁时再度发病，服用近百片安眠药自杀。三十七岁时症状严重，三年后才完全恢复稳定。康复后的伍尔芙在照料家中事务的同时，还撰写小说、外出演讲。

此外，夫妇二人还为了"转换心情"着手展开出版活动。伍尔芙亲自印刷装订。托马斯·斯特尔那斯·艾略特（Thomas Stearns Eliot）广为人知的《荒原》便由他们出版。伍尔芙亲手排好所有活字，她的丈夫操作印刷机。虽然《荒原》名垂文学史，在当时却只卖出了区区三百三十部，伍尔芙夫妇仅获得了二十一英镑的利润。即便如此，从这一小插曲中也能够看出伍尔芙的康复情况。

事实上，在其后近二十五年间，伍尔芙虽然会不时情绪低落、意志消沉，但是并未出现严重的病症发作。她与丈夫共同度过了极具创造性及生产性的时光。

在此时期内，伍尔芙还与薇塔·萨克维尔－韦斯特（Vita Sackville-West）处于同性恋情中。比起男性，伍尔芙更容易为女性所吸引。这一倾向也偶尔见于其他曾经遭受性侵的人。伍尔芙的丈夫对此十分宽容，付之一笑。这段韵事并未使夫妇二人产生隔阂。

正是这样的丈夫，才使伍尔芙在很大程度上得以维持稳定。

4. 回避性类型——对受伤过于敏感

　　此类患者在深层为回避型人格，极度害怕受伤，对失败和羞耻非常敏感，努力避免需要自己背负责任的状况。对此类患者而言，虽然能够较好地处理与他人的间接关系，却苦于直面他人的关系，往往试图躲在他人身后。

　　患者在成长过程中常常得不到表扬，极度缺乏自信。他们几乎不会主动表达自我，很难使他人注意到并发挥自身特长或能力，微不足道的失败或挫折便会使其完全丧失仅有的些许自信、闭门不出。此类患者，缺乏一种强韧精神去抹平失败和挫折带来的失意。

　　近来出现了一些成长于过度保护的环境、不曾遭受斥责的患者。当其进入社会、遭遇周围人对之加以指责的情况时，其自信便土崩瓦解。至此始终充满自信、追求魁首之位的人遽然失却所有自信、躲避与他人接触的情况也并不少见。

　　很多时候，患者容易在外表和性吸引力方面感到自卑。即便是患者本人实际很有魅力，他也会固执地认为自己丑陋、没有魅力、不管怎么样都会被讨厌。

一位外表出众的十八岁少女说："不管怎么样别人也不会喜欢我。别人很快就会讨厌我、厌倦我。即便是我已经好好打扮了，也有人说我丑，让我受伤。我还被当面叫过丑八怪。"过往被贬低的经历，完全占据了她的内心。

许多情况下，此类患者发展出边缘型人格障碍的契机，均始自不能很好地适应外界生活，因而选择闭门不出、紧紧依赖父母或伴侣。

患者将不能很好适应外部世界的焦虑和失落投掷于父母或伴侣身上，以自残或自杀意图的方式博得关注，摆布他人。患者父母或伴侣越渴望帮助患者，越会出现原本在于患者的问题在不知不觉中被置换为周围人的问题的情况。

无法直面心声

回避型人格的最典型特征，是无法直面自己真正的心意。患者会模糊自己是谁、自己的好恶等根本问题，或抵抗自身想法，躲避直接面对自身真实想法。

"我很怕直接面对我真正的想法，所以我选择不说，选择不受伤。"

"我不知道怎么表达自己的感觉。"

如果承认自己对某人的爱恋，倘若遭到拒绝或失去对方时，自己便会受伤。患者对这种情况感到恐惧，因此便选择事先设好防线——对他人、对自己隐藏心意。

此外，即便患者在工作和学业上有所抱负，也会因为感到自身无能或畏惧失败而不采取行动，选择远低于自身能力的选项。其根本原因，即是患者极度缺乏自信。由于患者没有选择自己真正向往的事业，失意和沮丧与日俱增，患者自然逐渐失去劲头，最终动弹不得。

认识、表达自身观点并采取相应的实际行动，对此类患者在真正意义上实现康复而言至关重要。边缘型状态本身，也意味着患者试图重拾自我主张及主体性等。为使一切向更好的方向发展，周围人需要注意切勿过度帮助患者、代患者面对其人生的问题、替患者承担其责任。

5. 自恋性类型——怀抱过度自信和自卑

在他人看来，此类患者充满自信和魅力，具有强大的精神力量，似乎与"不稳定"状态毫无关联。然而，当与患者的关系发展到较为亲密的程度，便会发现患者情绪起伏激烈，会忽然由自信洋溢的状态变得不安而情绪低落，说话带刺。有些时候，他们甚至会无法抑制情绪，突然谩骂、殴打身边的人。患者酗酒、追求放纵的关系，无法从不稳定的生活中脱身。

傲慢、自视甚高、以利益而非情感为行为取向，这类人格被称为自恋型人格。在多数情况下，自恋型人格都是可凭强烈自信剪除压力的稳定人格。

然而，在自恋型人格与边缘型人格叠加的情况下，患者会在自恋的特征上呈现极度不稳定、冲动、自我毁灭的倾向。两者重合造成的激烈性格会使周围人感到痛苦。其实，患者的倔强也只是表面现象，其内心的脆弱、孤独、自卑使患者必须依赖他人。有时，患者会对特定的一个或两个人暴露其脆弱之处。在未能得到他人适当的对待时，患者便会出现激烈攻击、控制等与此前正相反的反应。

过度溺爱，关爱不足

此类患者最典型的背景经历，是虽然幼年时期备受宠爱，但其获得的关爱和认可却在此后被剥夺。在孩子最应受宠爱的时期，如果母亲却因某些原因未能给予孩子关爱，孩子日后发病的可能性也会增加。其中，母亲早亡、母亲离家、祖父母抚养的情况也不少见。患者在长大后依然怀有幼年时的表现欲。这一表现欲有时会化为对成功的过度渴求，有时则会引发好色、自我毁灭式的沉溺行为。

此外，常见于此类患者的另一问题为家庭暴力。在保持恰到好处的距离时，还是魅力无限的翩翩绅士，在双方距离拉近、极度亲密后，患者却会忽然展现出阴暗一面。自恋型人格与边缘型人格叠加产生的此类倾向，极易造成糟糕的结果。

患者会在明知对方是对自己而言至关重要的人，却对其加以暴力。也有很多时候，患者会在追求女性的同时，轻蔑女性。暴力的契机是极为细小的意见不合。患者在感到对方态度稍不如己意或有意批评自己时，便会认为自己的爱遭到背叛，难以遏制怒意。伤害依赖对象的行为，与自残行为有相似之处。事实上，如下述案例一般，也有患者在施加暴力后感到沮丧、进而自残的情况。

Y 的外祖父是大公司的管理者。Y 自幼便被作为外祖父未来的继承人培养，备受宠爱。虽然在 Y 两岁时，其父母离婚，Y 的生活仍然宽裕。外祖父在当地极具声望，Y 在众人的疼爱中长大。即便是在学校，Y 也是人群焦点，受到特殊关照。Y 善变不定，稍有不如意时，便会突然从教室消失，跑到其他年级的教室里。然而，对这样的 Y，学校也选择了宽容对待。在 Y 升入初中后，外祖父隐退，公司的实权落入表伯手中，周围人对待 Y 的态度也逐渐冷落下来。

为了排遣郁闷，Y 开始玩摩托，不断地换女朋友，过着荒诞不经的生活。进入高中后，Y 邂逅了一个同样出自单亲家庭的女孩。对 Y 而言，这个女孩与此前的女朋友们截然不同。两人深深相爱，开始同居。Y 的母亲也认同了两人的关系，认为只要能安定下来便好。

然而，两人的关系却只在最初一帆风顺。两个人因琐碎的事情意见不合，引发了激烈的争吵和 Y 的暴力。两人在争吵后和好，Y 对自己的暴行向女孩道歉，但在之后又会重复上演同样闹剧。在此过程中，女孩怀孕，不得不选择流产。自此，女孩对 Y 的感情逐渐消退。Y 在稍微感到女孩的态度冷漠，或感到女孩厌恶与自己发生关系时，便会暴怒并对女孩拳脚相加。

6. 表演性类型——对性和外表异常执着

表演型人格，是通过获得关注和关心以抚慰内心空虚寂寞的人格类型。因此，此类人格通常执着于能够吸引他人目光的外貌和言行。此外，对性的强烈执着是此类人格的另一特征。此类人格往往过度展现性吸引力，强调自身男性或女性特质。考虑到表演型人格的发生机理，合并出现表演型人格与边缘型人格的案例并不少见。

人们总结出有两个要素对表演型人格这一适应方式的形成而言至关重要。一个是由情感饥渴或不被认可而发生的寂寞、渴求关爱的状态，另一个是因某些行为或外表而获得关注的经历。演员马龙·白兰度就曾经讲述，他表演的起点是不曾获得酒精成瘾的母亲的关爱、感到自己没有存在价值，所以他通过模仿他人以博得关注。另一位此类人格的女性说，她始终觉得自己毫无价值，在她发现自己的肉体能够使男人们迷醉时，她体会到了一种从未有过的满足感。对于她而言，肉体是获得关心和赞扬的工具。

另一位此类人格的女性，将受他人关注赞赏作为最为重要的事项。其次是钱。至于情感，则是第三位。

她说:"我之所以想交朋友,是因为在意别人的目光。我之所以想要这些男女朋友,是因为我想让周围人觉得我有很多朋友。其实,我和别人在一起时就只感到疲劳而已。"此类人格的判断基准,便是他人的关注。

演员中同时具备表演性倾向及边缘性倾向的人并不少见。无论在社会上获得怎样的成功,具备此类人格的人都始终为空虚感和不被认可的感觉所困扰。有些时候,他们甚至会出现药物滥用的情况或短暂的荒唐行为。

2008年平安夜,一位退圈的艺人的讣闻震撼了日本,甚至世界。这位艺人是饭岛爱。随着报道披露她独自去世的状况,大众的悲伤更深。这也显示出对她的人生和性格怀有同感的人不在少数。

根据饭岛爱自传《柏拉图式性爱》记载,饭岛爱的父亲是极度认真、家教严格的人。无论她说什么都会使父亲发怒,她始终战战兢兢、小心翼翼。看着后来的她,我们也许难以想象,小学低年级时的她获得的评语是

"性格内向"。饭岛爱的母亲也十分关心她的教育，几乎每天都送她去特长班。在意他人目光的父母，嘴边常挂着的是"真羞耻""真丢脸"。饭岛爱也为了回应父母的期待，努力学习，获得了年级前十的成绩。然而，母亲非但没有表扬她的付出，只是说，与排在她前面的其他孩子相比，她的努力还不够。

"我想得到表扬，想得到爸爸妈妈的一句'你努力了'。"

这便是始终萦绕饭岛爱心头的真实想法吧。

在家庭内得不到认可的饭岛爱，开始在夜晚的街头与小混混的交往中寻觅安身之所。即便遭到父亲怒骂、拳脚相加，她也没有顺从。包容、接受、保护饭岛爱的，只有她的祖父。祖父去世后，饭岛爱就像失去了控制，冲向荒唐无稽的生活。这样的她每次都会遭到父亲的殴打，然而事态却只是一味恶化。

在和一个叫 Taka 的男生交往后，饭岛爱沉迷开房。她希望一直和 Taka 在一起。饭岛爱偷出父亲的存折，取出一百八十万日元的巨款，开始和 Taka 同居。然而，这样的生活终究会走到尽头。在饭岛爱父亲和 Taka 发生冲突时，Taka 殴打并使她父亲受伤，被关入拘留所。

饭岛爱向 Taka 的朋友求助，却发生了悲剧——一起吸食油漆稀释剂①的饭岛爱，被 Taka 的朋友们强暴了。她当时被逼到了跳楼自杀的地步，最终却没有死。

以此为分界点，饭岛爱下定决心，要更加顽强地生活下去。她以自己的魅力将男人玩弄于股掌中，试图重拾自己的尊严。

在那之后，饭岛爱一边在六本木和银座的俱乐部工作，一边做高级应召女郎。赚来的钱也被她用来供养男人。她最终以 1000 万日元的合同出道成为 AV 女优。

饭岛爱最大限度地利用自己身为女性的魅力、努力坚强地生活。然而与此同时，无论饭岛爱表现得如何坚强，在她身上仍有一个无法拭去的内心寂寞空虚、怀抱心伤、胆怯不安的少女的影子。漫不经心的明朗和深处的阴影形成的鲜明对比，唤起了许多人的共鸣。

---

① 油漆稀释剂、涂料剂、胶水等液体中含有让人成瘾的物质，对身体伤害很大。——译者注

性虐待经历

表演型人格的家庭环境，虽然也有赞美肉体魅力、性色浓郁的家庭，但更多则是严格刻板的家庭。

以性感奔放为卖点的歌手麦当娜，成长于虔诚的基督教徒家庭。其父是著名汽车公司克莱斯勒的工程师，做事认真。母亲因癌症早年去世，麦当娜由父亲一人抚养。麦当娜十岁时，父亲再婚，她感到失去了自己深爱的父亲。

边缘性倾向和表演性倾向叠加的患者中，很多人都曾经遭受性虐待。遭受性虐待的患者，存在极度抗拒恐惧性，以及将性作为支配他人的工具、滥交的两种情况。患者试图重现自己曾经遭受的创伤，正如揭开伤疤将自己的痛楚展示于人一般。

7. 反社会性类型——追寻危险刺激

不在意危险、反抗权威，是反社会型人格的特征。反社会型人格的人，并不一定都会成为法外狂徒。反社会型人格最为重要的特征，是主体能在危险刺激中感到极大快感。

大部分反社会型人格者，都曾因为被剥夺关爱、得不到认可而对父母或权威人物感到极度失望。有时，反社会性的行为方式确立了主体的自我认同，主体在表面上能够维持稳定。然而，当患者无法将反社会性贯彻到底时，便容易发展出边缘型人格障碍。

反社会的倾向与边缘型人格障碍合并发生时，患者会非常冲动，容易出现药物滥用或危险行为。

因在《伊甸园之东》《无因的反叛》中充满个性的演技而闻名的詹姆斯·迪恩（James Dean），正是具备上述特征的人物。

正如他在《伊甸园之东》中饰演的角色一般，詹姆斯·迪恩纤弱、易受伤、阴晴不定。情绪变动激烈的他，使导演伊利亚·卡赞（Elia Kazan）也束手无策。卡赞甚至曾说："他明显有病，而且在不断恶化。"其他共同参演的演员也回忆道："他很危险，不知道下一刻会做些什么。他出于本能地将大家逼到心神慌乱的状态。"
大家说他曾经大摇大摆地将手枪放入更衣室的抽屉中。
能够理解这样容易受伤的迪恩的人，只有扮演他的恋人
的朱丽·哈里斯（Julie Harris）。比迪恩年长五岁的哈里
斯，能接受迪恩原本的样子。

詹姆斯·迪恩不稳定的情绪深处，是其幼年遭受的
深刻伤害。迪恩的母亲在其九岁时因卵巢癌去世。在发
现时，母亲的癌症已经发展到相当严重的地步。在母亲
入院当天，父亲便对年幼的儿子说："妈妈不会再回来
了。"母亲去世后，这位父亲便将儿子抛给姑姑和姑父。
迪恩与母亲的灵柩同乘列车，踏上了从加利福尼亚州
到印第安纳州的长达两千公里的旅程。在列车上，没
有父亲陪伴的迪恩不知所措，只能始终注意母亲的灵
柩是否无恙。

幼小的迪恩受到的深刻心灵创伤，使他形成终生不
能向他人倾诉心声、难以信任他人的性格。与有过此类
经历的人相同，迪恩在内心某处始终感到空虚。为了弥
补空虚，他极力自我表现，希图获得更多关注和爱。这

虽然为迪恩带来了身为演员的成功，却并未彻底治愈他的心伤。

迪恩着迷摩托车和赛车，热爱危险驾驶。他的这一恶名在拍摄《伊甸园之东》时便传播开来。愿意坐上迪恩的副驾驶位置的只有朱丽·哈里斯，其他人都因为怕死而拒绝与迪恩同乘。事实上，众人的恐惧也并非毫无根据。在此后不到两年时间，迪恩驾驶保时捷发生车祸去世，享年二十四岁。

8. 妄想性类型——甚至无法信任所爱之人

妄想型人格不能相信他人，容易幻想他人的背叛和恶意。这一类型也会与边缘型人格障碍同时发生。此类患者爱得越深，便越无法相信对方，常常会出现激烈的家庭暴力或跟踪行为。

此类患者总思索他人行为的"深意"，从细小行为中臆想出背叛的预兆或推测他人的攻击和批判，并且采取反击行为。

妄想性和边缘性并存的患者，情绪波动激烈。在兴头上时，患者会积极地与他人接触。然而，只要一步走错，患者便容易出现攻击性。在患者进入抑郁状态时，便会在与他人交往上表现消极，将攻击倾向对准自身，责怪自己，自杀意念增强。

9. 未分化型人格类型——多见于低龄患者

当前，十二三岁的儿童被诊断为边缘型人格障碍的情况正在增加。此类患者基底性格仍在形成，处于未分化的状态中。此类患者的边缘型人格障碍的特征在于会被瞬间的愉快或不悦控制、极为冲动，以及对庇护自己的对象毫无戒备、紧紧依赖对象。因此，此类患者会轻易成为心怀不轨的成年人的盘中餐。

这名女孩现在初三。她自小学六年级起开始割腕，进入中学后自残行为进一步升级。她把自己关在学校的厕所里，用安全剃刀割腕、割臂。女孩和母亲、弟弟一起生活。女孩小学二年级时，父亲抛弃母亲，与其他女人组建家庭。母亲经常将"想死"挂在嘴边，也曾预告自己将要自杀。女孩也会对积极热情的老师倾诉，但是在老师帮助其他学生而没顾上她时，女孩便会忽然变脸，把自己关在卫生间中。

10. 基于发育障碍的类型——症状错综复杂

发育障碍也会与边缘型人格障碍并发。此类患者症状错综复杂，应对措施困难，与人格障碍并发的情况较多。其中，广泛性发育障碍与边缘型人格障碍，以及行为障碍与边缘型人格障碍共同发生，是最为典型的情况。无论是哪种情况，患者大多在成长过程中曾经遭受虐待或忽视。

F 是一个没有笑脸的少年。F 出生后不久，父母便离婚了。母亲为赚生活费，将 F 交给外祖父母抚养。然而，外祖父母与母亲的关系原本就有间隙，外祖父母起初也反对母亲的婚姻。外祖父母责怪落得离婚结局的母亲，也对代母亲照顾 F 颇有怨言，却又说母亲没有资格抚育孩子、不许母亲照顾 F。

F 三岁时接受体检，被诊断出发育较迟缓、有轻度自闭症的可能。外祖父母又开始责怪 F 母亲的放手，不愿意继续照顾 F。

无奈之下，母亲将 F 送到托儿所，独自将 F 抚养长大。然而，F 亲近外祖父母，在遭受母亲严厉训斥时，便会逃到外祖父母家中求助。这导致母亲每次都受到外祖父母教训。

母亲想要好好对待 F，却因 F 的反应恼火，忍不住对 F 动手。F 因此更加厌恶母亲，总说外祖父母更好。

F 进入中学后，他与母亲的关系进一步恶化。F 逐渐失控，对母亲施暴。儿童保护所介入，F 短暂住进儿童保护机构，接受治疗。然而，F 有时仍然情绪波动激烈，因为琐事便爆发不满或情绪低落，进而自残，在不如意时便会以自杀威胁母亲。F 的脸庞仍然是童稚的样子，表情却极为阴郁，眼神含恨，发散着极度不信任他人的气息。

在面对此类患者时，如若仅治疗其发育障碍，便会发现情况并不能得到改善。矫正其因被抛弃的经历而形成的情感创伤以及由此习得的行为认知模式，至关重要。然而，很多人目前仍只从发育障碍的角度来看待病例的情况。

第六章

应对边缘型人格障碍

如何帮助患者

如第三章所述，边缘型人格障碍特有的认知和反应模式，容易将周围人卷入其中，导致我们很难有效地帮助患者。很多时候，他人不仅不能纠正患者偏颇的认知，甚至还会被患者同化，采取极端、过度的反应，或为被抛弃感、不安感所困扰。在患者持续出现自残行为、自杀意图、骤然的情绪低落、过度通气、爆发行为时，患者周围的人会选择顺从患者意愿。众人惧怕患者过度反应，又因患者的抗拒反应感到不安，故而选择退让。换句话说，患者控制了周围人。越是在心底惧怕被抛弃的人，越容易采取上述应对方式。

然而，无论是多么具备奉献精神的家人或伴侣，都不可能永远持续如此生活。患者周围的人有时也会疲累，无暇或无心关注患者情绪。而在患者没有收到一如既往的亲切回应时，便会认为自己是不被需要的存在，在不安的驱使下陷入消沉。他人至此的万般努力也会因这些微不足道的琐事化为乌有。

患者在此时常说，"原来你到目前为止只是在骗我""你肯定觉得我是负担，讨厌我""你不如最开始就不要这么做"。患者在态度恶化后，便会开始采取困扰他人、伤害自己的行为。

此时，患者周围的人受到冲击、手足无措，选择沉默或离开。这样的恶性循环会不断重演。患者会伤害、背叛最努力支持他的人，使情况更加棘手。而越是认真的人，越会因患者如此不讲道理的行为而感到无法维系信任关系，自己已无计可施。

在患者与边缘型人格障碍斗争的道路上，我们应该如何帮助患者呢？根据介入者与患者的关系，一般可以分为父母、兄弟姐妹等亲族支援的情况，以及配偶、恋人、朋友、专家、神职人员等没有血缘关系的第三方提供帮助的情况。虽然不同情况下提供帮助的方式不同，但是基本态度却是互通的。从大多数边缘型人格障碍康复的案例中可看出，患者自身的努力自不必言，帮助患者的他人也至关重要。帮助患者的人多数情况下都是父母，但是也有第三方占据核心位置的情况。人格障碍是在关系中呈现的障碍，仅凭患者一人无法克服。因此，患者与为其提供帮助的客体的关系极为重要。也就是说，他人与患者的关系、介入方式，会极大程度上左右患者病症的发展方向。

在这一章节中，我们将共同学习如何更好地帮助患者。

态度始终如一

在关心患者时，维持不变的节奏和距离最为关键。

在对待边缘型人格障碍患者时常常出现的状况，是试图帮助患者的人起初对待患者积极热情，在不断遭遇挫折、受到患者迁怒、不仅未能收获感谢反而遭受患者攻击后，便会逐渐心生倦意，热情冷却，选择切断与患者的关系，甚至试图将患者排除在自己生活之外。

无论是双亲还是伴侣，都会出现上述状况。被患者的反应逼迫到"我没法再照顾他了""这样的人不如消失算了"这种地步的情况也不少见。

然而，情况好转的案例，都是所有人努力度过这一段痛苦时期、照顾者始终陪伴患者左右的结果。这可能是父母、伴侣，以及第三方中某个人发挥作用，也可能是父母、伴侣及第三方同时发挥作用。

无论陪伴患者左右的是谁，能否越过数座险峰、始终支持患者都极为关键。与此相比，技巧和介入方法等细枝末节并没有那么重要。在他人向患者表达并使其领会无论如何都会始终陪伴左右的态度，患者会逐渐拾回安心与信任感，恰如暴风雨在不知不觉间平息一般。帮助患者的人能否在暴风雨来临时相信患者、始终陪伴，与患者的康复直接相关。

在处理不当的情况中，帮助患者的人起初热切积极，做出无法实现的承诺，极力讨好患者，在效果减退、不断出现同样问题时，则会逐渐不再关心，甚至逃避或背弃患者。如此应对方式如同在患者的伤口上撒盐，使患者更加痛苦。

为了避免上述状况，希望帮助患者的人应当避免过度热情，切勿急于求成。定期咨询能够提供客观建议的专家、委托专家把控节奏则是行之有效的方法。切记多数案例在康复前都需要数年时间，采取细水长流的态度帮助患者，极为重要。

在前面章节中提及的德国作家黑塞，后来逐渐康复。在他的康复过程中极为重要的一点，是黑塞的父母始终没有停止关心黑塞。

黑塞放弃学业后，成为书店店员。在那一段时光，黑塞留下了数量庞大的书简。令人惊诧的是黑塞和父母几乎每日通信。他们在书信中虽然也有对立冲突，却没有停止互相沟通。黑塞的父母确实存在教育过于严格、不能很好地倾听黑塞心声的问题，但他们始终关心和爱着黑塞。虽然黑塞也一度感到自己被抛弃，但是在与父母诚挚持续的沟通中，他切实地感受到事实并非如此，于是便重新拾回积极向上的态度。

重视患者主体性

一个人的人生主体和责任在其自身而非他人。只有在患者本人做出抉择、承担责任、实际行动时，其情况才会得到真正改善。因此，我们必须极力避免将我们的期待或主张强加于患者、诱导患者。

许多家庭背景普通的边缘型人格障碍患者，会抗拒在主体性及责任感被侵犯时形成的"虚假的自我"。他们必须凭借自身力量不断试错，经历精神苦旅。

虽然为时已晚，我们现在能采取的最佳对策，便是停止父母或周围人单方面地寄托于患者的期待和强加给他们的价值观，以温暖的目光守护患者本人选择的道路、患者本人珍重的一切。

边缘型人格障碍患者的父母，常常以自己或其他家庭成员的标准而非患者本人的标准做出判断。这导致患者不仅不能获得对自我存在的安全感，甚至会被打上失败的烙印，逐渐被逼入穷途末路。

但是，在患者出现危险行为或越界行为时，我们必须毫不犹豫地采取必要措施阻止患者。当患者不能保护自己时，保护患者便是父母及其他帮助患者的人的职责。

恢复患者的主体性，即将责任交还给患者。我们需要逐渐将代替患者完成一切的模式切换到患者自主努力应对一切的模式。事实上，当出现问题时，让患者承担责任而非敷衍了事，是有利于患者的好转。怜惜、庇护患者，只会让患者的情况恶化。打个比方，有时候，我们必须狠心截下病肢以拯救病人。

明确目标和框架

在专家等第三方介入时，明确目标比患者家人或伴侣更为重要。仅亲切温柔地对待患者，非但无法帮助患者，甚至可能会削弱患者的独立能力。

我们的目标是什么？改善目前令人头疼的问题及症状？提升患者自立能力及适应能力？试图重新审视自我、实现更为根本的改善？我们需要确立明确目标。在治疗早期，有时也会调整目标。时时确认目标，有利于我们绷紧神经。

当然，我们也需要注意，无论目标是什么，实施主体始终是患者本人。如若只是简单地以为他人为患者做些什么患者便会好转，之后可能会遇到无穷无尽的麻烦。

此外，我们需要尽量明确我们应当在患者身上以怎样的频度付出时间、如何应对突发状况、能和不能为患者做的事等。勉强自己为患者做自己做不到的事，也不可能长久为之。因此，我们需要注意在能力范围内从容地帮助患者。至于何谓"从容"——能够以同样态度及方式持续三年以上，便为"从容"。

我们最好事先告知患者，如若事先制订的规则不能得到遵守便无法提供帮助，以及出现危险时需要住院、接受约束力更强的治疗。通过预告，我们能够有效防止对患者的帮助毫无边界地蔓延开来。当事前确立的治疗框架再三遭到破坏时，最好明确地终止与患者的关系。这种决绝能够成为防止变化的动力。在治疗过程中患者即将暴发时，我们应当再度确认目标及框架、绷紧神经。

良药苦口利于病。即便情况已经非常棘手，一些逆耳之言也是必要的。此类患者很容易出现暧昧模糊的想法。如果仅强调好消息，当患者产生与之对立的想法或感到期待落空时，便容易出现强烈的反抗行为。因此，即便是在并不喜人的情况下也仍然直言不讳，能够防止上述事态发生。

沉着冷静的态度

如前所述，边缘型人格障碍的基础障碍之一是情绪控制不力、容易出现情绪化反应。如若我们也以情绪化反应回应，只会使双方的情绪如电光石火般激烈交锋。此外，不少患者在成长过程中曾经遭受暴力或粗鲁对待，受到精神创伤。有时只是较大的声音也会使他们感到恐惧或产生敌意。

因此，即便是患者展现强烈情绪，我们也需要以沉着冷静的态度处之。然而，边缘型人格障碍患者的家属往往易情绪激动，反应极端。

在第三方看来，很多患者本人与患者双亲中的一方反应模式高度相似。孩子自幼观察父母行为，学习父母的行为模式及思考方式。如果希望患者好转，患者父母需要有成为其模范的觉悟、保持冷静的态度。父母细小的改变，会引发孩子巨大的改变。

恋人或配偶的情况亦然。当伴侣容易出现情绪化反应时，双方的状态或关系也容易变得不稳定。首先，伴侣需要学习不要反应过度。显然，这对父母、恋人或配偶甚至是专家而言都绝不简单。边缘型人格障碍患者为使他人理解自身痛苦和焦灼，有时会与他人发生冲突、攻击他人痛处、挑衅他人。这会使我们感到尊严遭到他人践踏，即将突破忍耐极限。

此时，如果我们沉稳相待，回应"别这样说比较好""我是想帮助你才和你说的，你这样说我很难过""你有没有伤害到想帮助你的人"，等等，患者也容易恢复冷静。

不过，事事都有例外。虽然我们需要保持沉着冷静，但是不必压抑所有强烈情绪。有时，我们也要表露悲伤或愤怒。怒吼"差不多得了""你再怎么躲避也不会改变的""你不是和我约好了吗"，也是表现认真对待患者必不可少的态度。另一些时候，展现痛哭流涕、脆弱的一面，则能使患者意识到自己当下的行为不妥。这些"例外"的瞬间，具备特别力量，能够成为重要的转折点。

不以成见或推测下定论

很多边缘型人格障碍患者，在出现相应问题后便始终被他人以某种固定方式对待。无论采取怎样的行动，他人往往消极地推测其动机与意图，以成见待之。即便患者积极努力，他人也会对患者投以怀疑的目光，并不认为患者是真心为之。

在以上经历不断叠加的过程中，患者通常会对他人对自己盖棺论定极为敏感。在感到他人成见时，患者便会封闭内心、自暴自弃。

边缘型人格障碍常见问题之一，是将事实与推测混为一谈。然而，这一问题的根源恰恰在于患者周围的人如何对待患者。患者在不知不觉间掌握了周围人以成见或推测判断、对待患者的思维行为模式。为了改善这一点，周围人需要注意不以先入为主的观念做出判断，而以纯粹目光客观看待患者的行为及状态。

无论何时何地，我们要避免使用一些内含成见的话语。建议使用的表达方式，是"你是不是有点儿……""你是不是感觉……""你是不是会……""我可能说得不对，但是你是不是……"等给患者留下否定余地的表达方式。

内心是否抗拒患者?

最能有效使患者恢复稳定的方法，是改善患者与双亲等重要家庭成员的关系。如果无视这一方面，任何治疗和援助都将收效甚微。

边缘型人格障碍患者的家庭环境，一般是患者父母对患者冷漠抗拒或保护过度。也有一些情况，家庭成员甚至父母之间的态度都是截然相反的。比如，患者母亲对患者听之任之，而患者父亲却抗拒患者；或者母亲对患者冷淡敷衍，而父亲却试图弥补一切。患者遭到双亲抗拒却得到恋人或配偶的支持的情况，也不在少数。

通常，在患者父母看来，患者是令自己失望的小孩。不仅如此，也有不少父母心中认为患者使自己感到极度不快是在给自己增添负担。患者父母往往会在患者面前附和患者，在背后却互诉患者的不是。有时，父母会对孩子心怀恐惧，认为"那个孩子很可怕"。无论如何粉饰表面，患者父母的内心真实想法总会在不经意间浮现于态度或话语的细微之处。敏感的患者也会对此有所察觉。

如若患者父母对患者怀有强烈的否定感、抗拒感，无论父母在其他方面如何倾力协助对患者的救助和治疗，患者的情况仍然不易改善。反之，如果父母能够真实地接纳患者，即便患者的情况严重，也容易好转。向患者提供救助和治疗服务的人最重要的工作内容之一，是理解受伤的父母的真心、解开父母的心结、帮助父母与患者修复关系。

边缘型人格障碍症状的第一阶段，多开始于现实生活中的挫折。在更为棘手的第二阶段中，对患者失望的父母及周围人的反应很多时候是状况恶化的因素之一。患者父母应当首先重拾冷静，关注患者内心、站在患者的立场理解患者而非仅关注自己的失望或创伤。在做到这一点后，通常第二阶段的状况会得到改善，对患者的治疗等会在很大程度上变得容易。在情况好转的多数案例中，许多患者家人都曾经有过这种近似精神开悟的体验。

患者因此心生信任和安全感，停止为确认他人对自己的爱而进行的试探和刻意使之困扰的行为，关注真正的问题所在。在尚未获得安全感这一基础时，患者甚至还未抵达康复之旅的起点。

采取中立态度

当我们以治疗者、救助者的角色介入时，此前讲述的三项注意事项不仅同样有效，甚至更为重要。此时，我们需要的基本态度是诚挚、中立。他人对自己的态度是否定的，还是肯定且怀有好意的？边缘型人格障碍患者对此十分敏感。在患者感到他人对自身怀有即便是最细微的否定、不信任感时，患者便会展现不信任、抗拒的态度。患者的敌意、挑衅般的言行、带刺的态度，使双方无法建立起信任关系。反之，如果我们过度展现好意、态度过于亲密，患者的期待和幻想将迅速膨胀，在其期待落空时便容易展现攻击性。

因此，我们应当不以先入为主的观点看待患者，怀着如白纸般的心与患者相交。虽然患者在许多时候都被当作"问题儿童""爱发牢骚的人"，被贴满了各色标签，我们不能被这些经验和标签蒙蔽双眼。相对普通正常的人在被当作"问题儿童"对待时，也会真的变成"问题儿童"。

但是，纵容一切的态度也容易引发问题。对患者无法置之不理、积极热情的救助者，需要特别注意这一点。热诚相待，也有危险一面。即便是始终思索患者病情，"作为工作""以专家的身份""只在这段时间内"利用自身知识和智慧为患者提供帮助的明确态度，更能防止发生混乱情况。此外，我们还需要反复地提醒患者，一切行为的主体和责任都在于患者本人。诚挚与溺爱是不同的。所谓诚挚，是在必要时直言不讳。

保持中立态度、守住站位，亦至关重要。边缘型人格障碍患者一旦感到他人的友好，便会突然对他人产生依赖。在他人愿意倾听自身时，患者便易误以为他人会为自己做任何事、会替自己解决问题。如果同意为患者"提供帮助",并无益于患者康复,"帮助"会变为"为了帮助而帮助",导致患者持续无法适应外界。

从长远角度来看,代替患者面对其必须面对的问题、在患者不得不做出判断时轻易地告知答案,只是弱化患者的自我存在。我们必须注意,最终目的始终是使患者本人实现自立。我们不能成为患者的代理人。使患者本人处理、承担责任,是基础。

如何应对患者的激烈情绪

边缘型人格障碍患者在信任他人时,容易对其展现如悲伤、愤怒、恐惧、不安等激烈情绪。他们有时会如孩子般嚎啕大哭,向他人求助,爆发怒意。

此时,我们首先应当考虑患者所处境地,理解患者的情绪反应,向患者表达"你这么感觉也是理所当然的""你已经忍耐很久了""我明白你的心情"。然而，一切不能止步于此，我们需要在此基础上告诉患者"我知道你现在很痛苦，但是必须努力越过这个难关""想想解决方法吧"，转换方向解决问题。"有没有一种可能，现在的状况是……"，以此切换视角，客观地梳理现状。在应对的过程中，我们将逐渐学会如何控制、冷静对待情绪反应。

最应避免的应对措施，是同样情绪化地做出反应。其次则是回避、否定患者的情绪反应。"你想多了""你没必要这么想"等话语会使患者感到自己的情绪没有得到认真对待，此后便会压抑情绪表达。表面平安无事的相处，无助于解决问题，不过是粉饰太平而已。"你这么想是有病""不要只是抱怨，要感谢你获得的一切"等，给患者打上烙印、对患者说教，更是火上浇油。即便状况在当时得到缓解，患者的抗拒心理也会加强，此后发展不容乐观。这些应对方式，无异于雪上加霜。

当遭遇患者试探时

边缘型人格障碍患者，常常试探他人的忍耐极限。不做应做的事、摔门、冷脸、不回话、故意违反规则、无视管教、固执己见、态度萎靡消沉，不断地做出攻破他人底线的行为。患者有意或无意地挑衅他人，使他人感到焦灼。此时，越是希望帮助患者，越容易因患者的行为感到恼火。

患者的此类行为，有以下三层含义。

其一，是表达自身的焦躁。

其二，是在他人回应挑衅、情绪爆发时，一股脑儿地释放积攒在心中的焦灼情绪。患者试图重复在出现消极情绪反应时、通过将情绪反应推到极限、使其爆发而得到释放的不良行为模式。

其三，是试探他人反应。轻易因患者挑衅展现情绪化反应，只会强化患者本人的怀疑和误解自身的行为模式。

然而，在患者出现上述行为时，以不着痕迹的话语和幽默，有效地转换情绪、耐心地守护或温和地询问"你是不是有什么话想和我说"，则会使患者感到"唉？怎么和之前不一样"。在重复上述互动数十次后，与患者的关系便自然会得到改善，患者的态度也会有所改变。越过试探后，患者会将我们看作能够沟通的对象。

跨过语言，倾听心声

使边缘型人格障碍好转的最大动力，在于倾听患者心声。事实上，这一点不仅适用于边缘型人格障碍治疗，也适用于所有人际关系及社会关系。没有什么比倾听内心更能打动他人。无论对如何顽固硬冷的心灵、因创伤而极度敏感的心灵，诚挚倾听、把握其真实想法，都能打开围绕在外的坚硬心墙。

边缘型人格障碍患者所处的亲子关系中的另一方，往往不擅长倾听心声。一位母亲总身处患者的骂声中，因孩子的"你别过来""我不想看到你的脸"等话语失去了与患者亲密接触的信心，自叹"他不想我靠近，这没有什么我能做的了"，于是从与患者的关系中退场。

在真心不得体察时，患者将被驱使着朝更加不稳定、易怒的方向前进。

不善把握孩子真实想法的父母，倾向于只按照字面意义理解孩子的话语。有时候，他们甚至会因孩子的话而受伤，久久无法释怀。孩子是怀着怎样的心情努力、试图获得父母认可，最终却期待落空徒留心伤的，这类父母并不明白。在一些情况下，父母甚至会导致孩子情况恶化，进一步加深孩子的焦灼与悲伤。在另一些情况下，父母则无视孩子的状况与情绪，将自身逻辑和价值观强加于孩子。

边缘型人格障碍患者的父母常常倾向于关注自身情绪。即便是在患者父母看似在意患者本人的痛楚时，实际上父母在更多时候是为自身痛苦和失意困扰。因患者疼痛而手足无措，其实也是因为无法忍受自身心痛。他们在内心深处对困扰自己的孩子抱有失望和非难的情绪，将其看作负担。

这样的亲子关系，既讽刺又不幸。孩子追寻父母，希望父母认可。即便是在双方关系极为复杂的情况下，父母实际上也希望帮助孩子，使孩子获得幸福。然而，父母在自身难保、自尊受伤、因失望而愤懑不满时，则难以坦率地面对孩子。孩子则认为父母不能理解自己，放弃获得父母认可的尝试，以避免再度因受伤而沮丧。双方在表面上维持正常的亲子关系、不袒露心声的情况也不少见。有些时候，双方甚至相敬如宾，共同表演出一派和睦景象。

然而，双方却无法直诉衷肠，惧怕在表达真实想法后产生冲突、导致关系破裂。也确实有些情况下，一方表达心声后，另一方置之不理，双方关系在一时间内陷入断绝状态。

给上述状态画上终止符、使关系朝有利方向发展的灵丹妙药，就是倾听心声。无论患者使用何种话语，我们都需要透过语言倾听并理解患者内心的真实想法，而非只顾自身的状况、期待或情绪等。

第三方介入时，亦是如此。基本态度应当是设身处地地描绘状况、安静倾听。不要立刻就觉得理解患者，不急于一次就理解所有，细致地描绘状况、事件、情绪等。安静地接纳患者奔涌的情绪，耐心地等待患者讲述压抑在内心、难以表达的情绪。

事实上，患者本人也并不清楚正在发生什么、自己的情绪如何。在冷静地审视洋溢奔腾的情绪，或细致入微地描摹其心之动向、用一词一句表现思想的过程中，患者会逐渐明白，并更容易把握自己的情绪。

我们需要注意，这一过程不可操之过急。缓慢地表达、整理心情，是正确且安全的做法。一次便倾倒过多情绪，有时会导致患者失去平衡。我们应当将会面时间设定得较短，在略感不足时喊停。会面的时间间隔也需要恰到好处，避免出现"过热"的状态。

如何应对患者的自杀意图

　　最令人感到棘手的是边缘型人格障碍伴随自杀意图、自残行为、药物滥用、偷窃、两性关系问题等失常行为。其中，自杀意图及药物滥用可能会造成无法挽回的后果，需要格外注意。在一些情况中，患者反复多次尝试自杀，最终导致不幸结局或留下严重后遗症。

　　对患者的此类行为，我们需要确立两个应对原则。

　　其一，是在患者出现越界行为时，绝不纵容，事先确立接受住院治疗等应对措施，在实际发生时也立刻采取入院治疗等限制行动的应对措施。很多时候，施加行动限制也有利于患者实现自我控制。

　　此外，离开家人也有利于患者重新审视自我，这一经历能够成为一种契机——患者开始接受自己始终转嫁于家人的责任。怜悯患者、听之任之，则会错失使患者好转的良机。住院治疗并不意味着患者家人责任的终结。事实上，患者家人在患者住院后的态度更为重要。很多时候，患者与家人之间信任关系的重建，都是在患者离开家人生活时的相聚时间中完成的。我们应当将之看作化危机为良机的绝佳契机。

其二，我们需要思索患者行为背后的逻辑，避免仅关注行为本身。患者的上述行为，均是竭尽全力地表达自己渴求关注、希望他人直面自己。即便过程痛苦，我们也应当与患者共同面对问题，而非掩耳盗铃地讨好患者或置之不理。

阻止自残行为发展

在患者的不良行为得到控制后，周围的人往往容易放松警惕，对患者的关心也变得淡薄。

然而，即便在患者的治疗看似顺利时，我们也不能过度放松警惕，而要注意向患者倾注关爱。反之，在患者状态不佳时，我们需要较少被动地介入，而应仅仅采取简单有效的必要措施以应对。只是在实际情况中，患者周围的人采取的对策往往是相反的。这会导致患者感到从自身的不良行为中获利，从而强化不良行为。

比如，在患者出现自残行为时，我们做出情绪化的反应，表现出极为忧虑的态度，为阻止患者行为而训斥或央求患者，大吵大闹，都会加强患者通过自残行为获得的满足感，使患者加大自残行为的力度。

深爱孩子的父母，在看到孩子手腕淌血、伤口皮开肉绽时，难免会失去冷静，反应过激。越是容易出现情绪化反应的人，越需要注意这一点。即便是关切甚深，也要牢记保持沉稳冷静的态度对患者情况的好转十分重要。

此外，与患者讨论、试图说服患者，往往会适得其反。很多边缘型人格障碍患者聪慧善辩，善于构建自杀等失常行为正当化的逻辑框架。由于患者常常为二元论的思考模式所禁锢，容易陷入思维陷阱。此时，越是遭到否定，患者便越会强化自身观点。

"你不是说我应该好好对待自己的心意吗？我的心

意就是想死，不行吗？"

如此，患者会利用他人的话语，巧妙地制造他人的"逻辑矛盾"。此时，如果试图与患者讲道理，就会掉入陷阱之中。

当生？当死？如若以二元论的方式对此展开议论，我们便会使这一问题变为二者择一的问题，难以说服患者。即便说服了患者，在争论过程中过度强调"不当死"，也可能会引发矛盾反应，使患者向死意念得到强化。

不与患者争论，安静地倾听患者，表达"我明白你的心情。但是因为你现在的状态是很想死，我们没办法让你一个人在家里生活"，确认事前确立的治疗框架，直白地告知结论，能够使患者冷静下来，避免患者不良行为的二次强化。

进展不顺时方显真价值

任何事都不会始终一帆风顺。在治疗过程中，患者也常常会在一段时间内情况看似有所好转，却又忽然因琐事而情绪不稳定，出现状况不佳时的行为和态度。此时，周围的人易感到失望、无能为力和焦灼。但是，如果以失望或愤怒待之，表现出"果然不行""又来了"的态度，则会使此前的所有努力都付之东流。

当然，患者父母不可能永远精力充沛。不断考虑未来的他们，很容易因不知现状会持续多久而感到焦虑。然而，帮助患者的人的焦虑，多半会使状况恶化。冷静地讲述现状固然重要，不责怪患者、注意使用关注到患者本人煎熬心情的话语，更易成为使患者好转的契机。

患者发病时，我们提醒自己患者本人才是最受伤的人，不将自己的期待强加于患者，冷静待之。长此以往，患者便会认为"即便我暴露我的痛苦，他人也能冷静对应""即便我失败了，也能得到他人的理解"，这样便能构筑起安全感和信任感，客观地看待问题。

这能够使患者一分为二的思考方式、为负面情绪支配的认知模式得到修正。

得以维系心理平衡的人，自幼年起便积攒了许多父母和周围的人能在出现问题时泰然处之、抹去其不安情绪的经历。对一些琐碎的问题做出情绪化的、激烈的反应，被人先入为主地评价，在批判和嘲讽中长大的人，易被植入"失败即是坏"的简单定式，为"失败/不失败""好/坏"的二元论思维束缚，导致心灵在走向成熟的道路上停滞不前。

真正重要的，不是"不失败"，而是学会如何冷静地应对失败、从失败中吸取教训。

边缘型人格障碍认知模式的特征，在于只有"失败/成功"两个极端结果、无法容忍失败。摆脱上述思维束缚，灌输通过失败可以成长的认识，至关重要。

黑塞与其父母几乎每日通信。他们通信的内容，也值得关注。在黑塞仍是优等生时，他倾向于在家信中只报好消息。事实上，黑塞的成绩持续下滑，即便已经感到进退维艰时，黑塞也不曾在信中表露半分。然而，在情绪不稳定、被送入医院接受治疗后，黑塞开始在信中倾吐自己的不满和苦楚，有些词句甚至令人感到过分。"如果你们不做些什么改变现状的话，我就死给你们看"式的表达也变得刺眼。

在黑塞成为书店店员后，他开始如实地向父母讲述自己的生活和思想，书信中有喜有忧。他的心理显著地恢复平和，逐渐摆脱了一分为二的思维方式。

仔细想来，我们会发现，正是有过倾倒恶言的时期，黑塞才变得能够坦率地展示真实自我。如果未能经历那一段光阴，黑塞仍然会对父母只报喜不报忧，无法实现人格的自我确立。

从这一视角来看，边缘型人格障碍是对他人赋予的既有框架的抗拒，是试图脱离这一框架的挣扎与努力。特别是对受父母控制的人而言，情况更是如此。能够讲述心声、展现真实自我，极为重要。

仅仅吐露不满或以恶言相向，当然往往会招致规劝责备。但是，在边缘型人格障碍患者的康复过程中，那种即便是表现负面情绪也能得到认真对待的安全感，极为关键。

第七章

改善边缘型人格障碍

做好苦战的准备

如前章所述，他人的充分支持对患者的情况改善至关重要。如若放手不管，使患者沉溺于不安，陷入孤立无援的境地，会使患者的盔甲更加坚硬，抵抗治疗，在绝望中选择终结生命。

然而，如若只是简单帮助患者，我们便会发现患者的情况反而不见起色。为使患者走向康复，我们需要在帮助患者的同时，试图使患者发生改变。

在这一章节中，我们将共同学习如何使边缘型人格障碍好转，使患者修正偏差，重拾真实自我。

通常，在边缘型人格障碍患者开始求助时，状况已经相当严重。患者因反复自残或试图自杀的行为、药物滥用及其他问题等身心俱疲，所处亲子关系亦支离破碎。无论是患者或其周围的人，都精疲力竭。

一些情况下，患者努力面对问题，却仍然遭遇失败，导致内心沮丧受伤。也有许多患者丧失自信与希望，自暴自弃。为使患者振作起来，仅凭冷静态度及技术是不够的。有些时候，动之以情、使之奋起，也是必要的。

　　美国心理学家玛莎·林内翰开发出有效改善伴随自杀意念的边缘型人格障碍的程序。她指出，在治疗边缘型人格障碍时，要像"在赛季最后一场比赛中指导联赛中排名最末的球队"一般。从穷境中实现惊天逆转，将队伍引向胜利——边缘型人格障碍的治疗，需要这样的技巧与热情。正如教练及啦啦队队长需要激励选手、使其重拾挑战困难的勇气，我们在诊治、帮助边缘型人格障碍患者时，同样需要给患者注入自信与希望，使其迸发出力量以度过更有价值的人生。上述逆转仅凭精疲力竭、失却自信的患者很难实现，在一旁观察状况、支援患者的人极为重要。林内翰将这一战略称为"啦啦队队长战略"。

　　所谓"啦啦队队长战略"，借林内翰的话，就是

"在适当的环境下以适当的节奏大喊、命令、怒吼、吹捧、宠溺、争论、恳求、提议、威吓、指示、转移注意力——这就是啦啦队队长的策略"。

啦啦队队长策略，极为明确地反映出在治疗与支援过程中我们做了什么、应当做什么。为使丧失气力、与死亡仅有一线之隔的人重新振作起来、再次直面现实、渡过难关，我们必须具备知名教练使意志消沉的运动员再度脚踏实地地发起挑战一样的能力。

那么，我们在实际中究竟应该怎么做呢？

当然，知名教练的技巧和能力，不是所有人都能具备的。然而，我们可以学习其中的要素，将之应用于实践中。

泰然处之，使其安心

当患者失去希望、极度衰弱时，无论我们说什么均是无益。因此，我们首先要使患者重拾安全感、冷静下来。

"没事的""别担心""一切都会好的"，我们可以使患者沐浴于这些话语中。

感到孤立无援，是使患者出现极端行为的重要原因。在患者状态不佳时，强调其个人责任等，只会使患者更加感到自己被抛弃。我们需要告诉患者，在痛苦时就求助，不要一个人面对，我们会始终陪伴左右。

实际上需要经常使用的话语，有"你不用一个人承受痛苦""我们一起想想吧""我一直都守护着你"，等等。

逆转视角

患者在状态不佳时，容易只关注过往的失败经历。虽然有些时候讲述过往十分重要，但是在逆境时又为昔日失败体验所困，会使患者更加消沉。

我们需要使患者转换视角，告诉患者，昨日不可追，来日犹可为。与其悲叹现在的人生，不如努力使此后的人生更加精彩。

我们可以说，"真正的人生是从现在开始的""在之后的人生中弥补目前为止经历的痛苦吧""我们没办法改变过去，但是我们可以决定将来""你决定你今后的人生"。

此外，为了赋予患者战胜逆境的力量，我们应当在患者头脑中注入"最为糟糕的状况也有积极一面"的思维视角。"一切不会更差了""从现在开始一切都会变好的""化危机为机遇吧""遭受的苦难会使你更强""天将降大任于斯人也"，等等，我们不仅要在话语上表现，也要从心底真诚地将这些认知传递给患者。

聚焦患者优点

丧失自信的患者，眼中不见自己的优点，为自卑所困。他们抱怨自己的缺点，认为自己的缺点是致命且难以克服的。我们需要中和患者的上述负面心态。

在认真倾听患者本人的悲叹与不满后，我们应当向其传递"但是，我觉得你……也很棒啊""但是，有人表扬你……""你太谦虚了，真好""我觉得你有你出彩的地方"等信息。

在患者不断表达对自己不完美的怨叹及自我否定得到接纳，并受到肯定及赞赏后，其自我否定的伤口会逐渐愈合。

"你很有潜力""越和你相处，越觉得你很有意思""你曾经的缺点正在化为你的魅力"等话语，在肯定、褒扬患者的同时还使患者意识到自身成长变化，容易成为激励患者恢复自信的契机。

相信患者的可能性

边缘型人格障碍患者，通常表现为恐惧失败、受伤，轻视自己的能力而非期待成功。为了避免失败后自尊受损，患者会回避挑战、转移注意力。

然而，边缘型人格障碍患者中也有许多努力勤勉、渴求他人认可的人。因此，我们可以巧妙地利用患者希望获得他人认可的心态，帮助其产生勇气并付诸行动。

我们应当持续告诉患者，"你一定行""你可以的""如果是你，肯定能做到最后""你有克服困难的力量""你具备所需的一切"。当然，在这之前，我们必须相信，患者具备这些可能性。

林内翰说，患者可能会反问"你为什么能这么说"，此时回答"我知道，我相信"便好，无须一一列举原因。

更为重要的是，相信患者本人的力量，始终怀抱希望。事实上，在出现数次失败后，我们会对患者本人的能力及可能性丧失信心。介入治疗的专家也会因为仅考虑失败概率，而要求患者完成远低于其能力的事项。我们当然需要注意避免无视患者意愿、将过高的期待强加于患者，但是为了使患者重拾自信和希望，我们也必须激励患者尝试需要些许努力的行为，而非仅仅完成对其而言轻而易举的事项——这是啦啦队队长战略的关键。与简单、缺乏挑战性的课题相比，患者往往对能够使其能力获得认可的任务更有兴趣和干劲。

此外，我们需要注意，在患者处于低谷状态时，认为患者不够努力的话语会使其情绪更加低落。怀抱患者已经足够努力的态度与患者相处，至关重要。"不要勉强自己"，也会使患者感到安心。

"你做得很好""你比我想象的进步得快""这个状态就很好""你成长了不少"，我们应当时时使患者处于此类积极的话语环境中。

患者的不足之处、仍然需要改善之处，是患者之后需要一一克服的问题。但此刻指出患者不足，只会挫伤患者的热情。

磨炼倾听技巧

倾听患者时，最基本的便是共情和接纳。但是，这不足以使者发生改变。此时，我们需要一种更深入的倾听技巧——"镜映"（mirroring）。

所谓"镜映"，是一种倾听者为确认是否把握倾诉者所述要点，向倾诉者重复倾诉内容的技巧。这一技巧的实践，是从忠实描述倾诉者倾诉内容出发，向倾诉者确认倾诉内容的意义和目的，梳理总结倾诉内容。在此过程中最为重要的，是不带批判与评价、如镜子般单纯反映一切。

"镜映"的具体方法繁多。搭话、重复倾诉者的话语，以"你说……，是什么意思呢""也就是说……""你说的是不是……"等句式总结倾诉内容，也是极为重要的方法。如若倾诉者给予否定回答，则应当要求其进一步说明。我们需要注意使对话自然展开，避免使用质问或诘难的口吻。

事实上，不仅是语言上，我们在行为或思想上也可应用这一技巧。比如，我们可以首先以"你是说你做了……""你做了……吗"确认状况，在对方无法明确给出回答时，再问"你的想法是不是……呢"。如果对方给出"可能是吧"的回答，我们可以问"那你是怎么感觉的呢"，促使对方将思想化为语言；如果对方回答"不是的"，我们则可以问"那实际上是什么感觉呢"，避免将我们的观点强加给对方。

在级别更高的"镜映"实践中，有时会在对方面前重演其言行。对方有时会意识到自己行为或意念的滑稽，不禁失笑。级别更高的实践，当然需要倾听者相应的技术。治疗边缘型人格障碍之所以困难，也是由于其要求实施"镜映"的是训练有素、能力高超的专业人士。

"镜映"有两点益处。其一是能够使患者以更加真实贴切的语言表现自我情绪及思想。在此过程中，患者将大部分注意力投入是否准确地表达出事实或心声，无暇对此做出价值判断。患者将会体验到因真实表现自我而获得认同。

对于时常不能厘清自身心意的边缘型人格障碍患者而言，"镜映"能够成为一种获得自我认可的契机。在"镜映"时，患者不畏惧受伤，表述真实想法，以此重拾主体性。

"镜映"的另一点益处，在于自我监控（self-monitoring）。"镜映"忠实反映自身言行，使倾诉者以第三方的视角对自我展开观察成为可能。如同观看监控画面般，患者会发觉自身言行的问题所在，继而朝改善的方向前进。

使用化危机为良机的话语

辩证行为疗法（Dialectical Behavior Therapy）是一种针对边缘型人格障碍的疗法，也是除药物疗法之外首个经实证确认有效的疗法。近年来，辩证行为疗法在日本也备受关注。这一疗法的一大理论支柱，是"认同"策略。

开创辩证行为疗法的林内翰，在经过多年让第三方观察自己与患者的会面、确认治疗对策的有效性做法后，意识到"认同"是关键所在。

所谓"认同"，并非某一特定技巧，而是与患者的关系中需要采取的基本做法。我们应当在日常生活中应用得得心应手。

"认同"是使危机化为良机的态度，是在穷境和困局中依然看到光芒的思维和态度。

边缘型人格障碍患者容易陷入二元对立的思维模式，在出现细小不足时便全盘否定，总关注事物不足之处。这种认知模式导致患者难以热爱或相信事物真实的样子，使患者自身及其周围人都因此感到窒息。

如前所述，患者在与父母及周围人的关系中出现上述认知模式。在出现问题时，处于患者周围的人往往会采取"火上浇油"的态度，批评、惩罚患者，而非冷静地解决问题。在此过程中，患者便会认为问题是不好的、出现问题的自己是个没用的人，进而逐渐形成一分为二、自我否定的观念。

为使患者好转，我们首先需要与上述行为模式"背道而驰"。任何困境也有积极一面，恶事也有其意义与必然性，境遇不顺也能够使人从中吸取教训并成长——这是我们需要使患者理解、从心底接受并付诸实践的认知及行为模式。

为此，我们需要在平时注意与患者的交谈方式。

患者周围的人不动声色地修正否定一切的态度、对坏消息的过度反应，使患者意识到藏匿于负面情绪中的正面因素。

"那只是……""在这么糟糕的情况下，也还是有……的一面""这种时候很容易那么想""那一定是有一些意义的""你能意识到这一点，不已经很棒了吗""也能从中学到些什么呢"等，都是我们可以使用的话语。

患者周围的人应当善于注意到连患者本人都忽视了的优点或积极要素，并且对此展现正面态度。然而，在现实生活中，患者周围的人往往更擅长发现他人缺点，即便发现优点也对此缄口不语，只抓住缺点不放，武断道"你一点都没变""怎么就不进步呢"。即便患者有好转的可能，治疗也会因此不见效果。

"认同"策略不仅局限于边缘型人格障碍的治疗，还可应用于育儿、教育、企业内的员工培训等场景。

区分契机与真正问题所在

在"认同"策略之外，林内翰的另一理论支柱为"解决问题"策略。解决问题策略，不仅有助于解决实际问题，也有利于提升解决问题的技巧和能力。此时我们要知道什么才是"问题"。边缘型人格障碍患者常常将真正的问题与契机混淆。比如，患者会认为是友人态度冷淡或不立刻回信导致自己的自残行为。然而，这些实际上只是"契机"，而非"真正的问题"。

也即是说，"问题"可以分为两种。其一是眼前的问题，是使自己感到不悦和压力的事件。人生在世，很难回避此类问题。生活就是会不断出现问题。其二是在问题发生时应当如何应对并解决问题等、容易采取不当解决方式的问题。这一类问题才是"真正的问题"。

然而，边缘型人格障碍患者往往难以面对真正的问题，将契机看作问题所在，为之烦扰。实际面谈也多充斥着患者有关契机或日常琐事的烦恼。

"男朋友不对我说些温柔的话。他一定觉得我不在才更好。"

"我又胖了一公斤。我很绝望。"

"我被开除了。我想死。"

对于患者而言，上述问题确实均为切身之事。然而，如若对眼前的问题无所适从，患者便不可能在根本上得到改善。

患者此时只顾眼前问题，甚至并未意识到在此之外有更为本质的问题存在。事实上，在患者好转、产生对问题的自我理解后，便能够在之后的人生中以不同的视角看待同样的问题或负面情绪。

"虽然有时候我希望他能多对我说些温柔的话，但是我现在认为我的不满不是他的错。"

"把一切都怪在体重上也没意义。推卸责任是我一直以来的坏毛病。"

"工作和钱虽然很重要，但是对我来说健康更重要。我现在把开除当作得到一段短暂假期，想好好休息。"

不为契机所困，俯瞰全局，关注更为根本的问题。如果能够在发生问题时选择并实施最佳解决方案，就会意识到产生问题本身并不是问题。问题在于如何看待和应对问题。

前述案例多悲观地看待问题，将问题看作自己没有价值的证据，否定自我。

感受自身痛苦固然重要。但是如若止步于此，不使患者从片面地、近视地看待问题的方式中脱身，我们便无法进入下一阶段。

那么，我们该如何使患者将视线从"契机"转移到"真正的问题"呢？

找出不良行为模式

边缘型人格障碍患者在认知及情绪、行为模式等方面有独特表现，患者面临的真正问题也与这些特性相关。为使患者的状况得到改善，我们必须使患者找出不良行为模式，意识到并改善不良行为模式。

比如，患者常常暴怒、口吐粗言。首先，我们需要使患者细细回想在怎样的状况下会出现如上状态。此时，患者便会意识到契机在于因为琐事被他人提醒。其次，我们继而需要使患者讲述对此的感受。如果患者的回答是"我觉得又听到别人说讨厌的话，很焦心"，我们则可回答"原来你是这么想的"，接纳患者所说。此时需要避免立刻试图修正患者的认知，否定或指责患者。我们应当尊重并理解患者的感受，表现对患者感同身受，"这么看确实讨厌"。在此基础上，我们应当使患者冷静地回顾一些事情，并思考"别人真的是这么想的吗""有没有其他的可能性呢"。继而引导患者解开内心的迷惑，"我为什么会这么想呢""我这么想，应该有什么特别意义"。

在此过程中，我们向患者询问"至今为止，你曾这么感觉、这么反应过吗"，使其回忆最近经历。大部分情况下，我们都会发现患者曾经重复出现类似反应。

实际治疗中经常使用的方法，是要求患者记录最近讨厌的事和问题等。如下表所示，记录表格一般包括"契机事件""你的感受""你的反应（情绪和行为）""你在冷静后的思考（可能采取的其他应对方法）""事件后续"等项目。

记录表格样式

日　期	2月6日
契机事件	玩手机太久了，被爸妈说了。
你的感受	爸妈很溺爱妹妹，对我却很严格。为什么总说我？
你的反应	生气。大骂爸妈。即便如此还是气愤，割腕了。
你在冷静后的思考	虽然不想，但是不得不和爸妈一起生活。难受。我对爸妈的话过于敏感了，当时当耳旁风保持沉默就好了。
事件后续	第二天没和爸妈说话。现在一切正常。

上述方法有诸多优点，其一是能够将问题及令人不快的时光活用为"教材"。这正是在使患者逆转视角。问题不仅仅是坏消息，问题也有意义，有助

于我们找到发现、解决问题的线索。即便是发生了令自己感到厌恶的事件，在表格中记录下来也能使我们有所收获。这也有助于我们从第三方的视角来审视一切。

在实施上述方法时需要注意的是即便我们已经看出了某种模式，也不能采取越过患者本人的武断态度。我们应当不着痕迹地引导患者意识到自身偏差，提供崭新视角的线索，尊重患者本人的主体性。如此，假以时日，患者终将会认识到自己在重复同样的行为模式，逐渐形成自己在何种情况下容易过度反应、如何看待自己的自主思维模式。

在记录表格上书写对负面事件的反应和情绪的方法，有助于患者整理思绪、积累经验。边缘型人格障碍患者具备活在此时此刻的倾向，而话语会助长这一倾向。在患者独白的精神分析中，或在与患者的对话心理治疗中，我们都很难控制患者思维容易扩散的倾向。患者的自由讲述容易为感情洪流所驱使，失去方向。

书写则能够很好地弥补整合功能弱的问题。按照一定样式书写、整理，可使患者避免迷失方向，直面重要问题。见效较快的患者在书写两周后便会发现自己的行为模式。

当患者具备一定程度回顾自身的能力时，我们也可采用对话方式实施治疗。但是在患者思维仍然混乱时，采用书写方式的治疗往往更为顺畅。

在导入记录方法初期，患者的记录方式也许稚拙，无法以语言表达自身情绪。在日积月累后，患者不仅能够准确地记录，还能明晰地把握自身情绪及其原因。我们可以在与患者阅读记录的同时对话，梳理哪种看待问题的态度和感受引发了适应不良反应。稍隔一段时间后再回顾过往，能够帮助患者养成以第三方视角看待问题的习惯。

这是一名二十多岁的女孩。努力拿到从事医疗工作的资格证书，在实际开始工作后，却发现自己不了解的内容还有太多，一切与想象的极为不同。不到一个月，女孩便选择离职。她曾以为拿到医疗工作资格证书就意味着获得了一份稳定工作，然而事实却使她大失所望，她的态度也变得悲观。虽然服用抗抑郁药物能够使女孩平静，但是她无法忍受自己是需要服药的病人，开始自残，还迁怒于丈夫。女孩甚至曾大量服用安眠药，企图自杀，被紧急送往医院，侥幸得救。在那之后，她也试过开始工作，却总在出现微不足道的失败或挫折时认为"我不适合这份工作""我不行了"，便选择辞职。女孩对这样的自己感到绝望，甚至再度试图自杀。

在开始记录并回顾反应模式后，女孩意识到自己的完美主义、稍有瑕疵便否定一切的认知模式。她开始注意不再强求完美、满足于五十分后，感到消沉沮丧的时候也减少了。在女孩发觉之前过于勉强自己，选择从事负担较轻的工作后，她的状态也逐渐趋于稳定。

常见于边缘型人格障碍患者的认知问题，在于混淆事实和误读。也就是说，患者会在不知不觉间将推测看作事实，因自己的错误认识而产生动摇，出现过激反应。这正是患者种种痛苦和问题的原因所在。

在许多案例中，我们见证了患者对矛盾的容忍度低、二元论的认知模式、过度概念化（overgeneralization）、对被抛弃的过度敏感、毫无根据的自我否定感与罪恶感、负面认知、转嫁问题、混淆事实与误读、将自我标准强加于他人、逃避变化和挑战、拘于理想却厌恶努力。

在与患者共同阅读记录时，我们应当询问并讨论患者是否能够考虑其他的反应模式或应对方式。在此基础上，再提出建议，继续谈话。在不断重复的过程中，患者将学会更为适当的反应方式。在实际的治疗或训练中，我们有时也会同时采用角色扮演的方法。

边缘型人格障碍的治疗，有使患者学习的一面。患者在此中修正过度反应模式，重新学习适当的模式。

在持续记录的过程中，患者会逐渐发现自己消沉、发怒、自残等模式。很多时候，我们能够看到患者对情绪的控制肉眼可见地好转。

摆脱束缚的技巧

在发现不良行为模式后，我们需要厘清并修正不良行为模式。让我们以前文中因感到"又听到别人说讨厌的话"而过度反应的患者为例吧。

为了使患者更容易地认识其反应模式存在的问题，我们常用给表现出来的不良反应模式命名的技巧。比如，我们可以称这名患者的问题为"'又听到别人说讨厌的话'病"。这有助于患者及帮助患者的人形成对问题的共同认识。虽然我们选择的名称可以具备幽默要素，但是需要注意不能揶揄或伤害患者。为此，我们需要在患者冷静时，提出命名建议。如果在患者容易受伤时提出上述建议，反而会使患者感到"又听到别人说讨厌的话"，从而遭到患者抗拒。

比命名更为重要的，是使患者讲述不良反应模式背后的情绪和思索，厘清处于根基的不当思维模式。在此过程中，患者思绪的核心部分会逐渐浮现。我们将这一部分称为核心信念（core belief）。比如，认为

"又听到别人说讨厌的话"的情绪根基，是"谁都不爱我""别人都是伺机而动的敌人"的不当信念。

此时，我们应当使患者对此类信念产生动摇。询问"真的没人爱你吗""别人真的是看准时机就会攻击你吗"，把握束缚患者的深层心理，同时共同思索真实情况是否如此。患者便会逐渐意识到，这些认识不过是自己一厢情愿的想法。

在此基础上，我们应当询问"你小时候有没有这样感觉过"，引导患者回顾过往。大部分情况下，患者都会回忆起与父母、家人或老师曾经发生过类似状况。在意识到自身的信念生自与父母或过去的重要人物的关系时，这些不当信念对患者的束缚力便会减弱，患者的行为和思维也自然而然地发生变化。患者的变化程度，往往会使我们感到惊诧。

当然，很多情况下，上述过程并非一帆风顺。然而，在不断重复的过程中，束缚患者的信念会逐渐被削弱，患者终将获得解放。

有些时候，患者对父母的反抗和批判、对自己的嫌恶和后悔等情绪会暂时增强。此时，我们需要实现更为根本的改善，切勿因患者的抗拒批评感到狼狈，否定一切、闭耳不闻。我们应当使患者父母及周围亲朋知晓，虽然他们存在未能理解患者的问题，却仍然关爱患者至今。如若此时能够直面患者的心绪，患者的情况容易取得巨大进展。

这是一名因自杀意念、抑郁、情绪起伏激烈等症状住院接受治疗的青年。某晚，他对护士怒吼。

据说，当时青年按护士呼叫器，说自己感到焦虑，希望护士告诉主治医生。护士回答"知道了"，然后便切断了通话。青年立刻再次按下呼叫器，怒喊道："我还没说完呢！你怎么就挂了。"

回顾这件事时，青年说："我很讨厌别人先结束对话。"他回忆起自己一直因类似状况感到烦躁。他说："这让我感觉自己被抛弃了。"回想起母亲将自己放在外婆家后像逃跑一样地离开。青年意识到，在使自己重新记起那种被抛弃的感觉的状况中，自己很容易反应过激。

联结过去与现在

如上案例所示，在进行治疗的过程中，患者的过往经历会自然而然地苏醒。不断重复后，我们会重新认识到，患者自某个时期起到现在的问题似乎与其过往经历有关。

讲述过往的怨恨、煎熬、愤怒、不满，能使患者形成较为冷静的整理情绪的心态。

患者还会意识到自己的情绪容易被父母左右，以及自己内心对父母的执着与纠结。隐约察觉自己的反应和行为背后有与父母及其他亲人相关的过往经验时，患者会体会到一种找到契合的拼图图板的感觉。

在此过程中，患者不仅会看出自己一直被莫名冲动、怒意或罪恶感控制的反应模式，还会发现原因之一在于自己的过往经历，进而模糊地意识到这一切与自己对父母的纠结情绪亦有关联。患者将更愿意用语言表达、整理自己的心路历程和压抑于内心的情绪。

至于下一步，则是将当下问题与过往体验联结起来，完成重新整合的任务。很多时候，问题的关键在于患者所处的亲子关系。几乎所有边缘型人格障碍患者在亲子关系上都曾遭遇挫折。患者在行为及人际关系方面的问题，实际上很多时候也是由于亲子关系的扭曲在不知不觉间刻印于患者内心深处。通过重新审视过往关系，患者更容易发生根本性的变化。

患者需要在讲述回忆起的过往场景、绘画、撰写自传或小说的过程中，充分地讲述以其亲子关系为中心的过去经历。记忆碎片会逐渐拼凑出患者的故事。很多时候，患者起初的故事都是没有救赎的苦难史，患者会倾倒出许多受伤经历。

然而，在患者讲尽负面经历时，情况便会发生逆转。患者会在痛苦之外，讲述积极经历，将自己始终否定的过往视为前史，接纳过往。患者因此实现了对自我人生的整合认知。

在这一过程中，患者将寻觅到崭新的人生意义。其堕落与绝望的历史，将会转化为苦难与再生的故事。

第八章

再见吧，边缘型人格障碍

战胜边缘型人格障碍

治疗边缘型人格障碍之痛，恰似在确立自我时感到如难产般的疼痛。有些孩子出生只用两三个小时，有些孩子却需要两天两夜。如若在许多方面得天眷顾，也许能够比较顺利地完成这一过程。然而，如若身负创伤、认知有所偏差，则需要更多时间。边缘型人格障碍患者正是需要较多时间和精力的类型。

无论我们如何焦急，甚至试图拽出孩子，也是无济于事。正如生育一般，我们同样需要避免操之过急，而应当仅仅稍微帮助推动自然过程，并在出现危险时加以援助。

与生育过程相同，边缘型人格障碍患者恢复稳定、逐渐康复也是极为自然的过程。患者需要克服种种困难，经历告别父母、确立自我的必要磨炼。无论过程如何艰辛，只要不放弃生命，所有难关终将被克服，患者终将收获真实的自我。

在我们尚不知"边缘型人格障碍"这一病名时，已经有不少人在此类状况中备尝艰辛。在没有有效治疗方法的当时，他们不断试错，最终从泥沼中挣脱。虽然也有人在此过程中不幸丧生，但是完全康复并坚定有力地度过后半生的人也不在少数。

所有治疗，不过是对患者自然的恢复力加以微小帮助。也就是说，并非"治疗"使患者痊愈，"治疗"只是帮助患者坚定了战胜疾病的希望。患者的恢复，是超越治疗的伟大过程。在战胜边缘型人格障碍的过程中，发自患者内心的希望康复的意志和力量，至关重要。

当患者发自内心地希望情况好转、希望度过真正的人生时，康复大业已经半成。只是许多时候，患者需要很长时间完成心态转换。在某种意义上，患者状态不佳也就意味着患者不想好转。不佳状态，是患者在表达并使他人感受自己到目前为止忍受的煎熬与痛苦。在周围人认真对待患者的痛苦前，患者会刻意维持这一状态。

在经历旷日持久的纠结缠绕后，患者被所受创伤禁锢的心情终会消散。也许是三年后，也许是十年后，这一瞬间必将来临。早日康复当然好，但是用时较长也未必是坏事。经历长时斗争后终于康复的患者，也会获得与其所受苦难相应的深层魅力。

绝地反击

观察边缘型人格障碍康复案例，我们会发现患者都曾经历状态不断恶化、患者本人和周围人都放弃了此前所有努力的绝境时期。

事实上，如果不历经这一时期，患者周围的人不能割舍过往期待，患者本人也无法挥别昔日荣光，患者会始终在与过去的比较中认为现在的自己不值一提，负面情绪与怨恨萦绕心头，很难走向康复终点。

如此看来，处于绝地反而使患者的重生变得容易。

如果不置身于绝境，患者及其周围的人便无法下定决心与过往告别。

在绝境之后，患者面前将会出现重新掌控人生的空间。患者必须凭借自身意志与觉悟度过人生。患者的父母或其他人过度帮助、以其意志操控患者，只会使患者的人生道路更加曲折。

赫尔曼·黑塞是如何克服慢性抑郁症和自杀意念的呢？他的人生正是与抑郁斗争的历史，对我们而言充满启迪。

从神学院与文理高中退学后，黑塞进入大学的梦也破灭了。在父亲为他找到一份书店店员的工作、黑塞搬到附近城市生活后，生活安宁不到三日，黑塞父母就又接到黑塞不知所终的消息。此后，黑塞无视心神慌乱的父母，搬到了亲戚家。他的父亲也自那时起放弃了对黑塞的期待。

十六岁的黑塞回到家中生活，跌下神坛的神童身份使他备受冷遇。黑塞将自己封闭起来，在园艺与读书中度日。在阅读曾是医生的祖父留下的旧书时，黑塞在人生中第一次体会到不被他人限制的快乐。黑塞向父亲表明自己希望成为作家，请求父亲资助他独立生活，父亲当然选择了拒绝。事实上，不仅是父亲，家庭中其他成员都与黑塞反目。

改善这一紧张状况的契机，是黑塞开始了一份与此前完全不同的工作——黑塞开始在制造钟塔钟表的工厂实习。

黑塞在发展方向上的剧变带来了令人惊诧的效果。黑塞喜爱作为匠人、手艺人的这份工作，按时按点出勤，认真完成用锉刀磨金属、拧螺钉的工作。结束一天工作回家后，黑塞写诗写信，在阅读中度过夜晚。曾经生活和情绪极度不稳定的黑塞重拾安稳，在日常生活中感受到了喜悦。

同时，黑塞也开始有余裕时间再度思考如何度过此后人生。他喜爱工厂的工作，也感谢对他十分亲切的师父。然而，他也明白自己无意在这一份工作上付出一生。黑塞有一个伟大的目标和梦想——成为作家，以文笔安身立命，虽然他知道这并不容易。黑塞有时会逃避现实，思考去巴西当农民，或为去印度而开始学习英语等。

最终，黑塞选择了切合实际的方法。他决定重新回到书店工作，一边工作一边寻找机会。在著名大学城图宾根找到一份书店店员的工作时，黑塞迈出了他在社会生活中的第一步。虽然这份工作辛苦且时间长，常常令人精疲力竭，黑塞却没有像此前一般三天便放弃。在工厂的经历锻炼了他的忍耐力，而且这是一条他自己选择的道路。在图宾根默默无闻的生活中，黑塞坚持创作，遇见了出版作品的机遇。

是什么使黑塞得以恢复的呢？我们从黑塞的经历中可以发现，规律的生活和工作对于精神稳定而言极其关键。事实上，比起各种治疗方法，有效调整生活结构对改善边缘型人格障碍更为重要。患者通过住院或入住医疗机构得到改善，很大程度上也是因为这一点。

此外，采用作业疗法（occupational therapy）或

展开适当工作，往往能够增强患者注意力和耐性，使患者实现情绪稳定。人的行为控制与情绪管理密切相关，两者均为前额叶功能问题。对其施加适当刺激或压力，有利于行为和情绪的稳定。

此中最为重要的是，黑塞明确了自我意志而非父母意愿，开始按照自我意志行动。在某种意义上来说，黑塞此前的情绪不稳、自杀、辍学等经历，也是有必要的。如果没有这些经历，黑塞父母无法抛却对黑塞的期待，黑塞也无法摆脱希望回应父母期待的心态，走上自己选择的道路。

克服常识束缚

许多情况下，阻碍边缘型人格障碍患者康复的原因之一，在于患者周围的人，有时甚至是患者自己被狭隘成见、常识性的价值观、面子等束缚，不能自由行动。这一状况反而会驱使患者采取与常识或父母价值观相悖的行为。边缘型人格障碍是患者确立自我的过程中面临的障碍，患者需要首先经历否定父母赋予的自我这一阶段。阻止患者，将患者父母的价值观强加于患者，只会加强患者的抗拒反应，迫使患者走向极端，徒增双方的痛苦。

有时，患者会对自己施加束缚，希望得到双亲认可，因而无法否定、无视双亲期许。也有些情况下，患者无力抗拒双亲，只得选择继续顺从。这时，活着便是煎熬。患者即便希望全力以赴，也会逐渐丧失气力，无法拿出成果，为空虚感和徒劳感所困扰，最终自暴自弃。

边缘型人格障碍患者的行为看似是对常识性价值观的反叛，实际上则是患者在拼尽全力地抗议加于自身的束缚、要求获得自由，恰似囚徒为挣脱枷锁而决意断腕。如若即便如此也不得解放时，也许患者眼前有且只有一条终极解脱之路——自绝。

停下将常识及价值观等强加于患者，去除禁锢患者的事物，尊重患者本人选择，是给这种可怕现状画上终止符的最佳方法。患者本人也应当挣脱他人强加于自我的价值观，毫不犹豫地选择以自己的方式继续生活。不必为未能回应父母期待而感到罪恶，守住自己的幸福。从长远来看，为自己的幸福而生活，到头来才是使父母免于悲伤的道路。

改变从微小成功开始

重拾自信，对战胜边缘型人格障碍而言必不可少。自信支离破碎的患者，在做出最初的尝试时会极为畏怯。我们首先要经历的步骤，是周围的人努力支撑患者受伤的自尊。此后，患者受伤的心会逐渐愈合，逐渐产生向外迈出的勇气，但是由于过往失败影响，总是很难真正迈出第一步。此时，如果患者感到被他人认可、为他人所接纳——即便是因为极其琐碎的事，也会渐渐重新拾回自信，滋生出挑战的勇气。这一过程，越是在初期阶段，越为缓慢。患者周围的人也许会因患者进步较慢感到焦虑，但是我们需要注意此时切勿操之过急。

即便患者开始了新的挑战，也不要认为患者一定会持续到最后。即便是中途而废也好，患者应当在轻松的心情中迈出尝试的一步。如果感觉这一行为不适合自己，或对自己而言负担过重，与其忍耐受伤，不如保存实力，早日止损。如此，患者将会更愿意努力，有利于其进入下一阶段。

直面阻碍康复的心绪

阻碍边缘型人格障碍患者康复的，起初多是患者父母或其他家庭成员的不理解。然而，随着时间流逝，我们则会发现患者本人的抵触情绪也在其中发挥作用。

随着边缘型人格障碍持续，患者会逐渐失去活跃于工作或社会生活中的机会，易在自身及育儿事务上依赖他人。患者病情的好转，也就意味着患者不得不自己完成这些交托他人的事务。即患者好转时，自身的负担也会增加。

事实上，在患者情况好转、周围人对患者的关注削弱后，许多患者会出现突然恶化的状况。在不断重复好转与恶化的过程中，有些患者会逐渐重拾自信，实现康复。有些患者则会停下挑战，保持一种低空飞行的状态。此时，患者内心深处的倦怠感和逃避感增强，继续依赖周围的人。而周围的人又惧怕指责会使患者的情况进一步恶化，只得沉默忍受。

在这种状况下，患者很难出现新的变化。然而，在某一契机使患者下定决心做出改变时，情况则会骤然发生变化，患者将前后判若两人。发现新目标或乐趣、感到自我价值的经历、被接纳的经历、支持帮助患者的人离世导致患者危机感增强等，都可以成为触发变化的契机。

柳暗花明

在边缘型人格障碍患者的康复案例中，我们常常看到患者人生中最大的逆境反而成为使其得以好转的契机这一情况。在患者处于极度不幸的状况中，周围人都为其忧心时，患者反而展现出不曾显露的坚强一面，仿佛是绝境触发蕴藏于患者深处的能力。

也许在爆发之前，患者本人及其周围的人共同在患者的心上加了一把锁。在患者被迫入绝境、破釜沉舟之时，其内心的求生意志突破了心锁束缚，带来了翻天覆地般的蜕变。

一位曾经接受边缘型人格障碍治疗的女性，不幸患上乳腺癌。这位女性状态波动较大，曾经一度试图自杀，在看似好转时又突然恶化。在她刚知道自己患上乳腺癌时，极为震惊悲观。可是之后的她却出人意料地表现沉稳，甚至能够积极看待发现较早不必切除乳房的状况。在此后持续一年的乳腺癌治疗过程中，这位患者也始终状态稳定，坚持到了最后。在治疗过程中，她回顾自己的人生，说："我以前太奢侈了。明明身体健康，丈夫也爱我，我却只是不满、想死。现在，我也想为丈夫活。"

她前后判若两人。以接受乳腺癌治疗为分界点，她的症状不断减轻，用药量也大幅降低。

与其思索，不如行动

患者康复的重要基础，在于不过度思索，调整节奏，规律生活。许多边缘型人格障碍患者原本勤勉，在状态不佳时一般都过着不规律的生活。抑郁、失眠、酗酒等会使人更难早起，助长有气无力的生活状态。患者周围的人会因其消沉状态感到焦灼，做出消极反应，导致患者更为焦虑沮丧，形成恶性循环。

为了使者走向康复，激发患者的自愈力，调整生活节奏至关重要。住院和进入医疗机构生活的优点也在于此。在持续规律生活一个月后，大部分人都会恢复活力。即便是因严重抑郁而入院接受治疗的患者，也通常会在入院一周后情况得到改善，精力充沛。当然，调整生活节奏并未解决根本的问题，患者在适应新生活后可能会再遇见新的问题。回到外部限制较弱的环境时，其状态可能再度恶化。然而，患者在这一过程中的变化，显示出其康复的潜力。

如果患者决心克服当下状态，必须首先调整生活节奏，重拾往日勤勉时的习惯。确定每日任务，将之付诸文字，贴在目之所及之处，逐项执行。无须在起初就完成所有任务，逐渐增加完成数量便好。患者也可以将完成数量记录下来。

患者需要尽量在每日任务中加入活动身体的任务。工作及学习能够成为支撑活动节奏的框架，患者应当在状态允许的情况下认真待之。

如果患者没有工作，那么打扫卫生、洗衣服等家务同样对患者康复极为有益。会烹饪的人可以逐步挑战做饭做菜。烹饪需要人同时进行数项任务，综合考虑分量、味道、营养、成本等要素，是绝佳的作业疗法。烹饪没有正确答案，很难达到完美，但也没有零分。患者只能在妥协和观察他人反应的过程中不断调整，承受恰到好处的压力。照顾宠物、园艺也是如此。至于育儿，有时也许是负担，但是也有可能是使人恢复健康、实现成长的良机。

不追求完美，使一切顺利开展的重点。比如，在育儿时，患者可以适当求助于家人，或使用托儿所服务等，避免承受过度压力，从容地参与其中。

如果患者今后希望工作、当下却仍然缺乏自信时，可以考虑使用日间护理设施及职业技能培训机构。日间护理设施不仅能够培养患者作业能力，还可为患者提供人际关系方面的练习机会。近来，也出现了许多提供各类职业技能训练项目及职业规划咨询服务的职业介绍所。

对边缘型人格障碍患者而言，朋友既能成为其巨大精神支柱，也容易成为其烦恼和矛盾的种子。注意尽量保持"淡如水"的态度和恰到好处的距离，有利于患者病情好转。

黑塞在战胜学业上的挫折后，以书店店员的工作为立足点，逐渐恢复精神稳定。他在文学活动中也渐有成就，成为当时少有的职业作家。

在精神上支持黑塞、将其引入成功的，是黑塞与知交的交流。"书信狂魔"黑塞频繁地给所有知交写信，在信中坦率地表露心声。那一份不加娇饰的诚挚，获得了许多人的同感和帮助。黑塞珍重朋友。在亲子关系和婚姻生活中算不上幸福的黑塞，在交友关系上却得上天眷顾。恰到好处的距离、不浓不淡的交往，给黑塞的心带来了解放。

职业作家在经济上不太稳定。虽然在著述畅销时收入将会有所增加，在作品问世前则只能依赖储蓄。如若市场对新作品的反应不达预期，作家也会陷入窘迫。经济上的不安定自然而然地影响着黑塞的精神状态。

此外，起初使黑塞恢复稳定的婚姻生活，也逐渐开始成为羁绊。黑塞的妻子玛利亚比黑塞年长十岁左右，对黑塞而言是如母亲般的存在。随时光流逝，玛利亚在身体和精神上也逐步陷入了不太健康的状态。在婚后四个月，玛利亚便需要疗养。此后也进行了数次疗养。在孩子出生后，黑塞的负担更重。黑塞在为生活琐事烦扰的同时坚持创作。

在此过程中，黑塞为保持自身稳定，在园艺上倾注心血。在他十多岁将他从不安定状态恢复的园艺，他始终没有放弃。

书写和对话的功效

书写和对话，对边缘型人格障碍的改善具有重要作用。书写有利于提升大脑前额叶皮质功能。在持续书写的过程中，人对情绪和行为的控制也会好转。在保持恰到好处的距离的前提下，与某一能够信任的对象通过邮件或信息沟通，也能成为患者的精神支柱。

对于黑塞而言，撰写书信不仅是倾倒不满与烦恼、整理情绪的工具，还是寻求面对困难时的解决方法、明确自身需求的方法——即"寻求自身手段"。书信，也是黑塞作为作家的修行。黑塞试图通过表达其过敏神经承担的来自外界的种种压力，以克服一切障碍。

黑塞在书信及日记中书写自己遭遇的种种不快。他不仅描述状况，也讲述心境。这一过程有利于黑塞客观看待状况、缓和不快，也对黑塞寻找到真实自我大有裨益。

正如认知疗法认为各种问题都是促使自身成长的绝佳动力，黑塞每日经历的问题和不快经历都是他撰写书信时的材料。日后遭遇的试炼和苦恼，也成为黑塞小说的素材和动力。此时，黑塞看待事物的观点因此发生了骤变。持续书写对话，能够使人认识到即便是问题也有积极一面，进入一分为二的认知方式。

控制情绪

不能很好地控制情绪，是边缘型人格障碍的基本症状之一。克服边缘型人格障碍时，我们也需要从提升情绪管理能力入手。

如前所述，情绪管理不力有两个方面，其一是情绪变动激烈，其二是容易受伤。在程度较为严重时，最好采用药物疗法缓解症状，建议咨询精神科医生。

一般情况下，我们使用丙戊酸钠（sodium valproate）、碳酸锂（lithium carbonate）、卡马西平（carbamazepine）调整情绪波动。在患者抑郁程度较强时，则使用选择性血清素再摄取抑制剂（SSRIs）等抗抑郁剂。医生在缓和患者容易受伤的倾向时，也常常少量使用典型或非典型抗精神病药。如果用药适当，会在很大程度上有效地帮助患者恢复情绪稳定。

在患者程度较轻的情况下，调整生活习惯，在感到安全的环境下生活，能够使情况得到改善。规律活动、每日任务、适当运动，亦有裨益。不断结识新朋友、发展亲密复杂人际关系的生活方式容易使患者的情绪受到强烈刺激，患者应当避免，并保持淡然而简单的生活。

在亲子关系不够稳定时，与父母的过度接触也可能成为导致患者不安定的因素。有些时候，可能在以书信或电话等沟通、保持距离、偶尔见面更有利于患者情况好转。反之，在患者极度依赖父母时，逐渐增加患者独处时间，能够使患者恢复稳定。

应对情景再现

许多边缘型人格障碍患者，特别是重症患者，都曾遭遇情感创伤。一些情况下，患者出现创伤后应激障碍，其遭受虐待或性暴力的画面会浮现眼前，致使其陷入混乱状态。

此时的重要任务，即为控制创伤后应激障碍引发的情绪不稳定。提供使患者感到安心的环境、支持性的精神疗法、认知行为疗法、药物疗法等，使患者重拾安稳后，进行使患者讲述过往不幸经历的治疗方式，较为有效。无论是如何令人痛苦的过往，细致讲述、学习适当的应对方式都有利于使患者越过障碍。从长期来看，将一切压抑在心灵深处，反而害处更大。在直面过去、反复讲述、重新体验的过程中，患者对过往的惊惧也会逐渐消退。

一些患者的情况会更为棘手。很多患者会在看似重拾安稳时又忽然出现解离状态或自残行为。但是，这些情况又不至于导致患者无法自立，能够持续工作的人也不在少数。患者的不佳状态持续时间较短，随后便会恢复正常。

因此，我们不必过度将这一问题视为"疾病"。损害患者正常能力和自信的情况，才更为危险。战胜边缘型人格障碍需要较长时间，在此过程中需要注意维护患者的心理平衡。

应对惊恐

着陆技术（grounding techniques）是应对惊恐的有效方法。这一方法，对解除边缘型人格障碍以外的惊恐亦有效果，十分便利。

人在陷入惊恐状态时，会出现意识收窄、感知不到外界、意识集中于内在感觉的状况。在注意力的高度集中时，患者本就不断增长的不安与恐惧将进一步膨胀，形成恶性循环。着陆技术要求人下意识地将注意力转向外部世界，以斩断上述恶性循环。"着陆"，顾名思义，即为脚踏实地，牢固接触墙壁、抓手或椅子靠背等确实的物品，缓慢进行腹式呼吸，眼观外界事物，集中于外部感觉。着陆技术以此避免患者内在体验压垮患者。

初学者可以拜托家人在其耳旁做出指示，如平常一般搭话，将其意识引向外界。在逐渐适应后，患者则能单独完成着陆。

另一个有效方法是呼吸训练法（breath training）。患者进行缓慢腹式呼吸，将全部注意力放在吐纳之间，轻念"放松"的同时重复训练。呼吸训练法虽然简单，对控制惊恐情绪却非常有效。

整合自身

边缘型人格障碍康复道路上最为关键的阶段，是患者回顾到目前为止的人生、将自身经历及其意义整合为一个故事。在书写和讲述的过程中，患者逐步厘清自己备受煎熬、走投无路的过程，理解围绕自己的家族史整体。随着重新整合自身，患者会逐渐摆脱过往创伤及束缚，重新夺回对自身主体性的控制权。

这一阶段，对患者获得根本性的改善而言必不可少。患者越是情况严峻，便越是如此。然而，在实际治疗中，我们很多时候会避开这一阶段。至于原因，则是真正开始这一阶段，需要患者在一定程度上保持行为、情绪、生活方面的稳定、能够控制自身不采取危险行为。直面过去恰似打开潘多拉魔盒。过往体验愈是痛苦，患者便愈有可能出现暂时不稳定的状态，甚至出现自残行为或自杀意念。特别是在门诊时，考虑到风险及时间限制，我们也不得不对踏入过往领域的治疗方式采取慎重态度。

然而，不回顾过往，正如不摘除嵌入肉体的子弹而进行保守治疗一般。患者保留纠葛，粉饰太平，努力维系内心平衡。

许多人试图以种种方法转移注意力，试图克服内心芥蒂。唯有精神医学治疗不是选择克服的方法。也有许多人选择通过宗教、服务社会、对工作的献身、艺术上的自我表现等方式战胜上述问题。然而，无论

采取何种方式，患者在走向康复的过程中，都重拾了
自己的人生意义，再次成功整合了自身。

《在轮下》等黑塞早期青春小说，正是在很大程度
上反映黑塞自身体验的作品。黑塞常常在小说的描写
中原封不动地使用日记中的内容。主人公的烦恼，也
是黑塞本人的困扰。可以说，黑塞的作品正是升华过
后的黑塞生活史。在写作的过程中，黑塞内心的纠葛
与情结逐步消解。

好的自我，坏的自我，真正的自我

克服边缘型人格障碍核心病理的过程，是整合分
裂的自我的过程。这既是一个极为辩证的过程，也是
一个不止步于克服二元论的认知方式、与确立自我有
关的问题。

在青春期前，我们会不假思索地接受父母赋予的
一切，形成自我，并简单地认为这便是"我"。这是为
父母价值观支配的"好的自我"。

进入青春期后，随着自我意识形成，我们会意识到目前的"我"不过是父母强加的自我。特别是在父母赋予的"好的自我"在外界并不通用的情况下，我们更会对这一份父母配给的自我感到恼怒。此时，我们试图舍弃、否定过往自我，发展出与过往完全相反的自我——"坏的自我"。我们找父母的缺点，大吐苦水，使父母头疼，不仅不感谢反而怨恨父母生育之恩，否定自己此前的人生。

这一阶段，实际上是在尝试葬送父母赋予的"好的自我"、凭借自身力量重新形成新的自我。我们认为刻有他人印记的自我并非真正的自我，于是渴望破坏一切。我们对父母的感情越是纠葛复杂，便越会厌恶、无法容许父母不经许可地将其制造的自我强加于我们。同时怀抱对父母及自身的嫌恶，是这一阶段时的心理特征。

然而，边缘型人格障碍患者却无法完全认同"身为坏孩子的自己"。在患者心中，"身为好孩子的自己"

仍旧在发挥效力。结果，患者在以"坏孩子"身份肆意行动的同时，又对自身行为感到内疚和罪恶感，厌恶自我。患者内心中的"好孩子"和"坏孩子"不得整合，不均衡地共同存在，导致患者也游走于两极之间，状态失衡。可以说，这就是边缘型人格障碍的状态。

战胜边缘型人格障碍的过程，便是认识到问题不在于"好的自我"和"坏的自我"孰是孰非、两个自我都是重要的自我，并整合两个自我的过程。由此，患者会获得"真正的自我"。

因此，在恢复的过程中，患者会在重新评价自己始终否定的父母和过往"好的自我"的同时，冷静看待"坏的自我"并与之保持距离，再一次否定"坏的自我"。然而，这并不意味着患者会完全重新回到"好的自我"的状态。患者接纳"好的自我"，经过"坏的自我"，最终孕育出崭新自我——即"真正的自我"。

当然，上述过程并非仅有一次，患者在不断重复这一过程后终于获得"真正的自我"。但是，在其中最为关键的阶段中，在较短的时间内发生翻天覆地的变化的情况也不在少数。恍若炼金术一般，患者整合曾经激烈冲突的自我，幻化出全新姿态。其此前的不稳定状态去无踪影，出现在我们眼前的是一个全新的人。

与过往的自己告别

有个女孩多次自残，滥用药物，对父母强烈逆反，拒绝与父母见面。她的话语中，只有对父母的不信任感和痛恨。

然而，在因自杀被送入保护室后，女孩的态度开始发生变化。她忆起过往与父母和平共处的自己。那时的自己曾经努力试图获得父母认可，成绩优秀，父母也为自己感到骄傲。女孩说她想回到那时的自己，却已经回不去了。关于女孩此前始终美化的年长男友，她也表明对方其实是在背叛、利用自己。女孩对男友仍有留恋，却也承认自己当时过于执着于这个人。

然而，女孩仍然摇摆不定。她说自己无法割舍与男友的回忆，宁愿死去也不愿舍弃一切。某日，女孩说自己做了一个梦，在梦里她死了。我问："死掉的，难道不是执拗的、制造问题的坏的自我吗？"女孩思忖片刻，说："可能是吧。"

之后不久，女孩便同意与父母见面，为自己之前的行为向父母道歉。与此同时，女孩并没有像过去一般对父母言听计从，而会明确地表达自我主张。女孩和父母之间也曾因此产生冲突，但从结果来看，这一变化有助于双方确立原本互相信任的关系。

怒意化为谢意

当边缘型人格障碍患者开始好转时，会出现数个普遍征兆。其一是珍视日常生活而非超常刺激，将更多关注与精力倾注于细水长流的快乐而非一闪而过的欢愉。一度认为自己如果不实现伟大梦想或令人赞叹的事业便会被认为毫无价值的人，开始能在小事上踏实努力，比起耀眼的成就，更加享受努力本身。

另一个普遍征兆，是患者在内心灼热怒意逐渐消减、心境恢复平和的同时，开始对支持自己的人、自己得以活到此刻表达感谢。过往希望自己不曾出生、怨憎生育自己的父母的人，会对父母赋予自己生命、自己至今仍然活在这个世界上这一奇迹感到深深敬畏，坦率地表达谢意。

获得真正的自我

最终，患者获得自我及他人认可的自我同一性，实现与个人能力及状况相适应的自立，克服自我否定感，接纳自己的人生。职业认同、家庭认同是患者本人最为重要的精神支柱。

与此同时，很多时候，患者克服精神危机及精神创伤的经历也会成为其强韧的自我认同。

此前阻碍患者人生的重担，如今化为赋予其生之意义和价值的珍宝。与边缘型人格障碍告别的过程，正是将一切苦难化作力量、实现巨大逆转的过程。

结 语

边缘型人格障碍，是确立自我时的阵痛。与其称为一种疾病，不如说是促使人清算背负至目前的一切痛苦，实现重生的磨炼。

如若能够度过危机阶段，我们必能战胜边缘型人格障碍。风暴终会止息，暖春也终将来临。

然而，在眼前茫茫黑暗不知何时终结、每日惶惶不安时，我们难免想要放弃。无论是苦于边缘型人格障碍的患者本人，还是始终支持患者的人，有时都会感到精疲力竭。

也许是我们急于求成，因焦灼情绪而痛苦。也许我们正在心中否定现状，致使我们离终点反而越来越远。

此时，让我们原原本本地接受患者当下真实的状态吧。这状态也许并不体面，却是患者挣扎求生、试图重新找回自我时的姿态。让我们回忆起第一次将他或她抱在臂弯内的光景吧。现在与当时相同，需要我们片刻的献身。正如父母隔三小时便需要喂奶、换尿布一般，让我们将时间倾注于患者身上。

与此同时，此时的患者正试图否定父母赋予的一切，重新树立自我。如果患者父母仍如此前一般要求患者，患者对父母的敬爱，会使患者横亘于即将发展出的自我与父母期待的自我之间，感受被撕裂般的疼痛。此时，父母应当解除束缚，放开双手，将一切交与孩子个人的意志。父母应当相信孩子，不干涉孩子的道路，默默守护孩子。

患者父母需要同时完成尊重孩子主体性和倾注关爱的使命。这绝非易事，即便是专家也未必能够完美地实现这一任务。我们都是在不断试错的过程中，寻找适合自己的方法。

在我们感到似乎找到方法时，患者与边缘型人格障碍斗争的历程也就接近终点了。

曾经不休不眠的煎熬时光，会成为双方亲密共处的无可替代的时间。终有一天，我们会认为边缘型人格障碍也是上天赐予我们的机会，使我们重新确立双方关系、弥补不足。

那时，我们将会笑谈当下的辛苦磨炼。

诚挚祈愿那一刻早日来临，就此搁笔。

冈田尊司

2009 年 4 月

参考文献

[1] American Psychiatric Association. *Diagnostic and Statistical Manual of Mental Disorders 4th ed.* Virginia: Amer Psychiatric Publishing, 1994.

[2] American Psychiatric Association. *Practice Guidelines for the Treatment of Psychiatric Disorders: Compendium 2004.* Virginia: Amer Psychiatric Publishing, 2004.

[3] American Psychiatric Association. *Quick Reference to the Diagnostic Criteria from DSM-IV-TR.* Virginia: Amer Psychiatric Publishing, 2000.

[4] Barent W. Walsh. *Treating Self-injury: A Practical Guide 2nd ed.* North Carolina: The Guilford

Press, 2012.

［5］James F. Masterson. *Psychotherapy of the Borderline Adult：A Developmental Approach.* New York：Brunner/Mazel, 1976.

［6］James F. Masterson. *The Narcissistic and Borderline Disorders.* New York：Brunner/Mazel, 1981.

［7］John G. Gunderson. *Borderline Personality Disorder.* Washington, DC：American Psychiatric Press, 1984.

［8］Judith Lewis Herman. *Cardiovascular Trauma and Recovery.* New York：Basic Books, 2015.

［9］Kathrin Asper. *The Abandoned Child Within On Losing and Regaining Self-Worth US ed.* New York：Fromm Intl., 1993.

［10］Len Sperry. *Handbook of Diagnosis and Treatment of the DSM-IV personality Disorders.* New York：Brunner-Routledge, 1995.

［11］Mark F. Lenzenweger and John F. Clarkin

ed. *Major Theories of Personality Disorder*. New York: The Guilford Press, 1996.

［12］Marsha M. Linehan. *Cognitive-Behavioral Treatment of Borderline Personality Disorder*. New York: The Guilford Press, 1993.

［13］Marsha M. Linehan. *Skills Training Manual for Treating Borderline Personality Disorders*. Washington, DC: Example Product Manufacturer, 1994.

［14］Otto Kernberg. *Borderline Conditions and Pathological Narcissism*. New York: Jason Aronson Inc., 1975.

［15］Ralph Freedman. *Hermann Hesse: Pilgrim of Crisis*. Pantheon, 1978.

［16］Theodore Millon Holt ed. *Theories of Personality and Psychopathology 3rd ed*. New York: Rinehart and Winston, 1983.

［17］W. John Livesley. *Practical Management of Personality Disorde*r. New York: The Guilford Press,

2003.

［18］木村惠子.中森明菜悲哀本性.东京：讲谈社，1994.

［19］饭岛爱.柏拉图式性爱.东京：小学馆文库，2001.

［20］冈田尊司.边缘型人格障碍.东京：PHP新书，2004.

［21］冈田尊司.人格障碍时代.东京：平凡社新书，2004.

［22］冈田尊司.一本书读懂人格障碍.东京：法研，2006.

风暴终会止息，暖春终将来临。

境界性パーソナリティ障害

版权登记号：01-2022-6086

图书在版编目（CIP）数据

KO！再见，边缘型人格！/（日）冈田尊司著；吕雅琼
译.-- 北京：现代出版社，2023.1
ISBN 978-7-5143-9971-4

Ⅰ．①K… Ⅱ．①冈…②吕… Ⅲ．①人格心理学 -
通俗读物 Ⅳ．① B848-49

中国版本图书馆 CIP 数据核字（2022）第 191063 号

Original Japanese title: KYOKAISEI PERSONALITY SHOGAI
Copyright © Takashi Okada 2013
Original Japanese paperback edition published by Gentosha Inc.
Simplified Chinese translation rights arranged with Gentosha Inc.
through The English Agency (Japan) Ltd. and Shanghai To-Asia Culture Co., Ltd.

KO！再见，边缘型人格！

著　　者　[日] 冈田尊司
译　　者　吕雅琼
责任编辑　赵海燕　王　羽
出版发行　现代出版社
通信地址　北京市安定门外安华里 504 号
邮政编码　100011
电　　话　010-64267325　64245264（传真）
网　　址　www.1980xd.com
印　　刷　固安兰星球彩色印刷有限公司
开　　本　787mm×1092mm　1/32
印　　张　9.25
字　　数　123 千字
版　　次　2023 年 1 月第 1 版　2024 年 7 月第 2 次印刷
书　　号　ISBN 978-7-5143-9971-4
定　　价　49.80 元

只读

时间有限，我们只读好书。

— "再见，负能量！"系列—

《KO！再见，拖延症！》

《KO！再见，羞怯！》

《KO！再见，语言暴力！》

《KO！再见，焦虑症！》

《KO！再见，社交恐惧！》

《KO！再见，边缘型人格！》

《KO！再见，职场 PUA！》

……